BIBLIOTHÈQUE DES PROFESSIONS INDUSTRIELLES ET AGRICOLES
Série A, No 4.

PRINCIPES
D'ALGÈBRE

PAR

Paul LEPRINCE,

Ingénieur,

Ex-élève de l'École nationale des Arts et Métiers
de Châlons-sur-Marne,

PARIS

LIBRAIRIE SCIENTIFIQUE, INDUSTRIELLE ET AGRICOLE
Eugène LACROIX, Imprimeur-Éditeur
Du Bulletin officiel de la Marine, et de plusieurs Sociétés savantes
54, RUE DES SAINTS-PÈRES, 54

1875

PRINCIPES

D'ALGÈBRE

Paris. — Imprimerie et librairie de E. Lacroix, rue des Saints-Pères, 54.

PRINCIPES
D'ALGÈBRE

PAR

Paul LEPRINCE,

Ingénieur,

Ex-élève de l'École nationale des Arts et Métiers
de Châlons-sur-Marne.

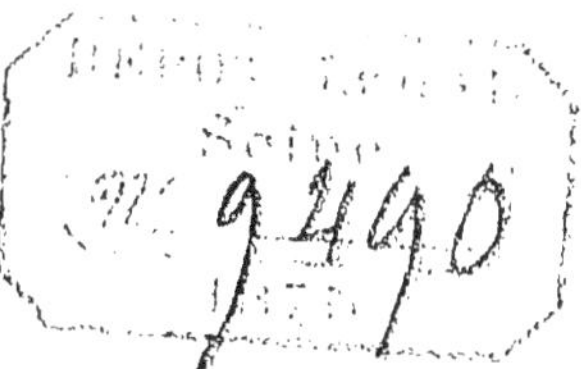

PARIS

LIBRAIRIE SCIENTIFIQUE, INDUSTRIELLE ET AGRICOLE

Eugène LACROIX, Imprimeur-Éditeur

Du Bulletin officiel de la Marine, et de plusieurs Sociétés savantes

54, RUE DES SAINTS-PÈRES, 54

—

Tous droits réservés.

1875

PRÉFACE DE L'ÉDITEUR

Un ouvrage de ce genre n'a pas encore été publié.

Il indique les moyens les plus prompts et les plus simples à employer pour arriver directement à la résolution des problèmes. Il ne comprend inclusivement que la marche pratique à suivre en algèbre pour arriver aux formules appliquées dans l'Industrie en général.

ERRATA.

PAGES.	LIGNES.	LISEZ.
VIII	14	*Indéterminés.*
1	16	$(+$ ou $.)$.
25	9 et 10	*à supprimer entièrement*
50	15	$=\sqrt[4]{3\,a^2\,b^2}$.
60	10	$x^2 - 9 + 4x^2 = x^2 - 9 + 4\,x^2$.
92	13	$2t - 3u - 3v = -3 \quad (5)$.
97	4	$a\,x^2 + b\,x + c = o$.
138	2	*se présentant.*
138	3	*se résolvent.*
139	2	*Les équations indéterminées, etc.*
139	15	*on égale.*
141	19	$x = 16\,t'' + \left(\dfrac{15}{20}\,4\,t''\right) = 19\,t''$.
142	2	$y = 100 - \left(95\,t' + \dfrac{20}{95} \cdot 19\,t''\right) = 100 - 99\,t'$
144	3	*suivante.*
150	16	$\sqrt{\dfrac{1(-a)\sqrt{1+x}}{\sqrt{1-x}}} + \sqrt{\dfrac{(1+a)\sqrt{1+x}}{\sqrt{1+x}}} =$
151	16	$\sqrt{\dfrac{(1-a)b}{\sqrt{2-b^2}}} + \sqrt{\dfrac{(1+a)(\sqrt{2-b^2}}{b}} = 2$ $\sqrt[4]{1-a^2}$.
152	17	*supprimez entièrement :* $2\sqrt[4]{1-a^2}$ *qui commence la ligne.*
153	4	$= 2\,b^2 - b^4$ *etc.*
182	20	x^2 et $(\overline{21-x})^2$.
184	10	$1125 + 5\,x = 600 + 12\,x$

PAGES.	LIGNES.	LISEZ.
209	figure 3	*Suivre les corrections faites concernant les chiffres placés sur les lignes de cette figure.*
231	4	$= -\dfrac{9}{8}\overline{\left(\dfrac{27}{16}\right)}^{2}$
235	19	*moins 5 unités.*
240	9	$= z^2 + 2400 = 50^2 + 2400.$
261	16	*que vous avez.*
261	19	*que vous aviez.*

PRÉFACE

L'Algèbre étant de nos jours rendue à peu près indispensable par son fréquent emploi dans la pratique, nous avons cru bon de publier un traité de cette partie des Mathématiques afin de développer d'une manière aussi simple que possible, l'étude pratique de cette science.

Dans l'Industrie en général, le constructeur a plutôt recours aux formules qu'aux moyens que l'on a employés pour les trouver. D'un autre côté, un problème étant donné, pour en avoir la réponse, on la cherchera plutôt par un procédé prompt et clair que par une suite de discussions théoriques.

C'est en envisageant ces raisons que nous avons été amené à offrir au public, un ouvrage nouveau et dont le seul but est de démontrer toute la simplicité à laquelle se réduisent généralement les formules algébriques, telles qu'on les emploie pratiquement.

Un grand nombre de problèmes raisonnés, lesquels ont été choisis parmi ceux qui se présentent le plus souvent, ont été intercalés dans le texte de ce volume et peuvent venir à l'appui de ce que nous avançons. Enfin un choix complet de ces problèmes le terminant, sert d'application aux formules algébriques.

Nous espérons donc que nos efforts à mettre l'Algèbre à la portée de tous, seront récompensés par un accueil favorable du public, et qu'ainsi nous aurons été heureux de participer à combler une petite lacune qui existait dans les cours précédents.

Comme ce petit traité ne concerne que l'Algèbre pratique, nous avons supprimé les cours sur les proportions, les progressions et les logarithmes, restituant ainsi au domaine de l'Arithmétique ce qui lui appartient de droit; cette manière d'agir nous a permis de développer plus considérablement le texte de cet ouvrage tout en le présentant sous un très-petit volume.

NOTICE HISTORIQUE

L'Algèbre remonte à des temps déjà éloignés de notre époque. Cette science prit naissance chez les Arabes qui en trouvèrent les premiers éléments. Les principaux auteurs en même temps les plus anciens furent Mahomed-ben-Musa et Thébit-ben-Corah; le premier passe généralement pour l'inventeur de la résolution de l'équation du second degré, mais on ne sait au juste sur quel fondement; on est assez persuadé cependant que les Arabes n'allèrent pas au-delà de cette équation, le motif qui y fait croire est basé sur ce que Lucas de Burgos qui avait appris d'eux tout ce qu'il savait en algèbre dit que les équations du 3ᵉ degré et au-dessus sont irrésolubles, mais il se pouvait bien que celui auquel revient le mérite d'avoir enseigné le premier l'algèbre chez les Italiens, n'ait pas appris tout ce qu'il y avait de plus savant dans l'algèbre des Arabes.

Diophante d'Alexandrie est le premier des Grecs dans les écrits duquel on trouve des traces de cette ingénieuse invention. Le temps où il vivait ne nous est qu'imparfaitement connu. Suivant certains manuscrits, il fleurit sous l'empereur Julien vers l'an 365 de notre ère, il est guère probable qu'il ne devait pas être postérieur à ce temps, car la savante Hypathia, fille de Théon d'Alexandrie, astronome du 4e siècle avait commenté son ouvrage et cette mathématicienne célèbre mourut vers le commencement du 5e siècle, Diophante poussa l'Algèbre vers le progrès et fut fort adroit dans les problèmes interminés qu'il résolut au moyen de certaines équations *feintes* dont l'artifice est fort ingénieux.

A partir du temps où vivait cet auteur jusqu'au XVIe siècle, cette science ne fit que quelques pas en avant, arrivée à cette dernière époque, elle se développa considérablement.

La France voit naître plusieurs algébristes célèbres entre autres Viète, né en 1540 à Fontenai dans le Poitou ; c'est à lui que l'on doit l'usage des lettres, pour désigner les quantités connues et les quantités inconnues, afin de généraliser les questions algébriques ; c'est lui aussi qui trouva les différentes transformations dont on se sert pour donner à une équation une forme plus commode.

De son temps, Pelletier du Mans, publia un cours en 1554, puis Pierre Josselin de Cahors en 1576. Bernard Salignac de Bordeaux, publia une Algèbre précédée d'une Arithmétique en 1580. Après lui vient Descartes, célèbre philosophe et géomètre distingué, né en 1596 à la Haye en Tourraine, c'est lui l'auteur de l'usage d'écrire les puissances avec leurs exposants numériques.

En Italie, on voit apparaître Tartaléa de Brescia, puis Cardan de Milan qui publia un cours en 1545. Caligarius qui vivait en 1515. Louis Ferrari de Milan trouva les équations du quatrième degré.

En Allemagne, les principaux algébristes de cette époque sont Christophe Rudolff le premier et le plus ancien, son algèbre parut en 1522, ensuite viennent Zacharias Lochner, Jean Neudorffer, Péter Roth.

En Angleterre, les premiers qui aient enseigné cette science sont : Robert Record ; Richard

Norman et Léonard Digges, ensuite vient Harriot né en 1560 à Oxfort qui publia un cours en 1631 puis le célèbre Newton né en 1642 à Woolstrop.

En Portugal, Pierre Nonius est un des premiers qui enseignent cette science.

En Hollande c'est Stevin dont l'Algèbre paraît en 1634.

L'étymologie de l'Algèbre est assez peu connue, on avait d'abord supposé·que ce mot venait de Géber, astronome et géomètre arabe du Ve siècle de l'Hégire, mais c'est à tort que l'on a fait cette supposition.

On a assez généralement admis que ce mot venait de *algebra v'almucabala*, double nom sous lequel l'algèbre était connue des Arabes. Lucas de Burgos dont nous avons déjà parlé, donne à ces mots la signification de *restauratio et oppositio* car le mot arabe *gebera* s'explique par *religavit, consolidavit* et *mocabalat* signifie *comparatio, oppositio.* On ne voit pas comment le premier de ces mots peut convenir à notre objet, quant au dernier, il se rapporte assez bien à ce que l'on fait en algèbre dont une des principales opérations consiste à former une *opposition* ou *comparaison* à laquelle nous avons donné le nom d'équation.

Quoi qu'il en soit, après bien des changements de noms, celui *d'Algèbre* est le seul qui soit resté en usage.

DE L'ALGÈBRE

NOTIONS PRÉLIMINAIRES

L'*Algèbre* est une science qui a pour but de généraliser les questions que l'on peut se proposer sur les nombres.

En algèbre, on emploie les *lettres* et les *signes*.

Les lettres représentent les nombres. En général, on emploie les premières lettres de l'alphabet pour représenter les quantités connues et les dernières pour représenter les quantités inconnues, mais chaque lettre exprime toujours un certain nombre d'unités abstraites ou concrètes.

Les signes de l'algèbre sont :

1° Le signe *plus* (+) pour l'*addition;*

2° Le signe *moins* (—) pour la *soustraction;*

3° Le signe *multiplié par* (× ou :) pour la *multiplication.*

Cependant lorsque l'on a plusieurs lettres à

multiplier entr'elles, on peut simplement les écrire les unes à la suite des autres.

Ainsi $a\,b\,c$, $d\,e$ signifient : $a \times b \times c$; $d \times e$.

4° Le signe *divisé par* (— ou :) pour la *division*.

Le dividende est séparé du diviseur dans le premier cas par le signe —
et dans le second cas par le signe :

Ainsi $\dfrac{a}{b}$ ou $a : b$ indique que a est divisé par b.

5° Le signe *égal* (=) est le signe de l'*égalité*.

Les quantités placées à droite et à gauche de ce signe se nomment : *membres de l'égalité*, celui qui est placé à gauche est le premier membre, et celui qui est placé à droite est le second membre de l'égalité.

6° Les signes : *plus grand* et *plus petit* (> et <) sont les signes de l'*inégalité*.

Ainsi $7 > 4$ et $3 < 5$ signifient que 7 est plus grand que 4 et que 3 est plus petit que 5.

La plus grande quantité se trouve toujours dans l'ouverture du signe.

On appelle *formule* — le résultat présentant le tableau des opérations à effectuer sur les quantités données pour en déduire les quantités inconnues.

Ainsi $x = \dfrac{a}{3} - \dfrac{b}{2} + \dfrac{3\,a\,b}{5}$ est une formule.

AUTRES NOTATIONS EN ALGÈBRE

Afin de simplifier l'écriture en algèbre, on emploie encore d'autres notations, savoir :

1° Le *coefficient ;* 2° L'*exposant ;* 3° La *racine.*

Le *coefficient* d'une quantité est un nombre qui étant placé à sa gauche indique combien de fois cette quantité est répétée.

Ainsi : $8\,abc$ est une quantité qui est répétée 8 fois.

$3\,a$ est répété 3 fois et remplace : $a + a + a$.

Lorsqu'une quantité a pour coefficient l'unité, on le supprime ; c'est une convention, ainsi $1\,ab$ s'écrit tout simplement : ab.

Le coefficient peut être fractionnaire comme dans $\frac{5}{8}\,cd$ — il peut être littéral, alors dans ce cas il exprime la généralisation comme dans $a\,yx$.

L'*exposant* d'une quantité est un nombre qui, placé à sa droite et un peu au-dessus de cette quantité, indique combien de fois elle est prise comme facteur.

Ainsi a^3 se prononce : a exposant 3.

Ou par abréviation : a^3 ; cela veut dire que la quantité a est prise trois fois comme facteur, ce qui revient à : $a \times a \times a$.

a^m indique que a est pris m fois comme facteur.

On supprime l'exposant d'une quantité lorsque c'est l'unité.

Ainsi a, b, c, sont des quantités ayant l'unité pour exposant; c'est comme s'il y avait; a^1, b^1, c^1.

La *racine* d'une quantité est une autre quantité, qui élevée à une certaine puissance, reproduit la première.

Ainsi la racine carrée, cubique, — . m^{me} d'une quantité a par exemple est une quantité qui élevée au carré, au cube, à la m^{me} puissance donne pour produit la quantité a.

On appelle 1re *puissance*, 2me *puissance*, m^{me} *puissance* d'une quantité, cette même quantité rendue, une fois, deux fois, m fois comme facteur.

La 2me puissance se nomme carré.

La 3me puissance se nomme cube.

DES QUANTITÉS

On appelle *quantité* ou *grandeur*, tout ce qui est susceptible d'être augmenté ou diminué.

Il arrive un point, où une quantité étant tellement grande, qu'il devient impossible de l'accroître, — on l'appelle l'*infini*, et on la désigne dans le calcul par le symbole ∞.

Au contraire, une quantité étant tellement

petite qu'il devient impossible de la diminuer, c'est l'*infiniment petit* et dans le calcul on la désigne par 0.

Une quantité est dite *numérique* lorsqu'elle est exprimée par des chiffres.

Elle est dite *algébrique* lorsqu'elle est exprimée par des lettres.

On appelle *terme* d'une quantité ses différentes parties séparées par le signe plus ou moins.

Lorsque le premier terme d'une quantité a le signe $+$, on supprime ce signe.

Réciproquement, toute quantité dont le premier terme n'est précédé d'aucun signe est supposée avoir le signe $+$.

Un *monôme* est une quantité d'un seul terme.

Exemple : $6\,a^4\,b$; $-\,8\,a^3\,b^3$.

Un *binôme* est une quantité de deux termes :

Exemple : $2\,a^4 + 6\,b^3$.

Un *trinôme* est une quantité de trois termes.

Exemple : $5\,a^3 + 8\,b^4 - 3\,c^2$.

Un *polynome* est une quantité composée de plusieurs termes.

Exemple : $5\,a^2\,b + 8\,a^3\,b^4 - 6\,c^4$ est un polynome.

Le *degré* d'un terme est le nombre de facteurs littéraux dont il se compose, il s'obtient en faisant la somme de tous les exposants.

Ainsi $8\,a^4\,b^3\,c^2$ est un terme du 9me degré, parce qu'il renferme 9 facteurs littéraux.

Une quantité est *homogène* lorsque tous ses termes sont du même degré.

Ainsi $8\,a^6 - 3\,a^2\,b^4 + 5\,c^3\,d^3$ est un polynome homogène

Dans le cas contraire elle est dite *hétérogène*.

La *valeur numérique* d'une quantité est le résultat obtenu lorsque l'on substitue des nombres aux lettres qu'elle contient.

Soit le polynome.

$$5\,a^2 + 3\,b^3 - 2\,a^3$$

si $a = 2$ et $b = 3$, le polynome prend la valeur numérique suivante, en substituant les chiffres aux lettres : $(5 \times 2^2) + (3 \times 3^3) - (2 \times 2^3) = 20 + 81 - 16 = 85$.

Il est évident que l'ordre des termes d'un polynome est indifférent, car cet ordre n'influe en rien sur les valeurs numériques que l'on donne aux termes d'un polynome.

La *parenthèse* est un signe qui, dans les opérations à effectuer, sert à renfermer les polynomes.

Ainsi si nous avions $3\,a - b^2$ à multiplier par $5\,b - 3\,a$, nous écririons la multiplication à effectuer de cette manière : $(3\,a - b^2) \times (5\,b - 3\,a)$.

REMARQUES SUR LES QUANTITÉS NÉGATIVES

1° Tout nombre négatif est plus petit que zéro ;

2° Les nombres négatifs sont d'autant plus petits que zéro, qu'ils paraissent plus grands abstraction faite du signe.

Car soit un nombre 7, si nous retranchons ce même nombre de lui-même et les suivants 8 — 9, etc., les restes seront 0, — 1, — 2, etc.

Or, — 1, — 2 sont plus petits que 0 et de deux nombres négatifs, le plus petit — 2 par exemple est le plus grand, abstraction faite du signe, on conclut de là que lorsque l'on a une inégalité *on peut changer les signes des deux* membres *pourvu que l'on change l'ouverture du signe.*

car soit l'inégalité : $4 — 7 + 8 > 5 — 3$.

changeons les signes des 2 membres, en changeant l'ouverture du signe, nous aurons : $— 4 + 7 — 8 < — 5 + 3$

ou en effectuant $— 5 < — 2$ ce qui est vrai.

RÉDUCTION DES TERMES SEMBLABLES

Les termes semblables sont ceux qui sont affectés des mêmes lettres et des mêmes exposants, sans avoir égard aux signes et aux coefficients.

Ainsi :

$$8\,a^4\,b^2 - 5\,a^4\,b^2 + 15\,a^4\,b^2$$

sont des termes semblables.

Ils sont dits *dissemblables* lorsqu'ils n'ont pas les mêmes lettres ou les mêmes exposants, tels que :

$$8\,a^3\,b^2 - 5\,a^2\,b^3 + 20\,a^4\,b$$

La réduction des termes semblables consiste à les exprimer en un seul, en effectuant les additions et les soustractions indiquées par les signes dont ils sont affectés.

Pour faire cette réduction, d'un côté on fait la somme des termes semblables affectés du signe + et de l'autre la somme de ceux qui sont affectés du signe —; on retranche la plus petite somme de la plus grande et l'on donne au reste le signe de la plus grande.

Soit à réduire le polynome

$$15\,a^5\,b - 8\,a^5\,b + 20\,a^5\,b - 3\,a^5\,b - 4\,a^5\,b$$

Nous faisons la somme des termes ayant le signe +

$$15\,a^5\,b + 20\,a^5\,b = 35\,a^5\,b$$

celle de ceux qui ont le signe —

$$-8\,a^5\,b - 3\,a^5\,b - 4\,a^5\,b = -15\,a^5\,b$$

nous retranchons la plus petite somme de la plus

grande et nous donnons au reste le signe de la plus grande, ce qui fait :

$$35\, a^5\, b - 15\, a^5\, b = 20\, a^5\, b$$

Lorsque un polynome renferme plusieurs espèces de termes semblables, on applique à chaque espèce la règle précédente.

Ainsi :

$$4\, a^2\, b - 8\, a^3\, b + 15\, a^2\, b - 4\, a^3\, b - 20\, a^3\, b + c^2 - a^2\, b - 20\, c^2$$

donnent les calculs suivants :

1° $4\, a^2\, b + 15\, a^2\, b = 19\, a^2\, b$
        $19\, a^2\, b - a^2\, b = 18\, a^2\, b$
2° $- 8\, a^3\, b - 4\, a^3\, b - 20\, a^3\, b = - 32\, a^3\, b$
3° $c^2 - 20\, c^2 = - 19\, c^2$

donc le résultat est :

$$18\, a^2\, b - 32\, a^3\, b - 19\, c^2$$

On peut faire ces calculs de vive voix et écrire au fur et à mesure ce que l'on trouve, ce qui épargne la quantité d'opérations et simplifie.

REMARQUES ESSENTIELLES

Avant de continuer la marche des opérations algébriques, il est bon de rappeler les principaux théorèmes de géométrie indispensables à savoir pour la résolution de certaines équations que nous étudierons plus loin.

1° *Le carré de la somme de deux nombres est égale à la somme des carrés de ces nombres, plus leur double produit,*
si *a, b* représentent deux nombres, on aura :

$$\overline{(a+b)}^2 = a^2 + b^2 + 2\,ab$$

2° *Le carré de la différence de deux nombres est égale à la somme des carrés de ces nombres, moins leur double produit,*
ainsi :

$$\overline{(a-b)}^2 = a^2 + b^2 - 2ab$$

3° *Le produit de la somme de deux nombres, par leur différence, est égale à la différence des carrés de ces nombres*

$$(a+b) \times (a-b) = a^2 - b^2$$

4° *Si à la somme des carrés de deux nombres, on ajoute ou l'on retranche leur double produit, on obtient le carré de la somme ou de la différence de ces nombres.*

Ainsi, si à $a^2 + b^2$ nous ajoutons $2\,ab$, nous avons :

$$a^2 + b^2 + 2\,ab \quad \text{ou} \quad (a+b)^2$$

Dans le cas contraire, nous obtenons $(a-b)^2$.
Lorsque l'on multiplie deux ou plusieurs ra-

cines de même degré entr'elles et que sous le radical, il y a des inconnues répétées, pour trouver le produit ; on écrit le radical avec son indice et dessous, on écrit les inconnues de même nature, en ayant soin de mettre pour exposant la somme de leurs exposants respectifs.

Ainsi :

$$\sqrt[3]{x^2 y^6} \times \sqrt[3]{x^6 y^2} = \sqrt[3]{x^8 y^8}.$$

$$\sqrt[4]{a^4 b^2} \times \sqrt[4]{a^3 b^3} \times \sqrt[4]{a^5 b^6} = \sqrt[4]{a^{12}. b^{11}}.$$

OPÉRATIONS DE L'ALGÈBRE.

En algèbre, il y a comme en arithmétique, quatre opérations principales :

1° *L'addition ;*
2° *La soustraction ;*
3° *La multiplication ;*
4° *La division.*

ADDITION ALGÉBRIQUE.

L'addition algébrique est une opération, ayant pour but de trouver le résultat de plusieurs nombres, exprimés algébriquement.

Dans cette opération, on distingue trois cas :

1° *L'addition des monômes;*

2° *L'addition des binômes;*

3° *L'addition des polynomes.*

1ᵉʳ **Cas.** — Pour faire l'addition de plusieurs monômes, *on les écrit les uns à la suite des autres, en les séparant par le signe plus, on additionne leurs coefficients et l'on écrit comme résultat la somme de ces coefficients suivie du monôme.*

Exemple : Soit à trouver la somme de :

$$5\,ab,\ 8\,ab,\ a\,b,\ 3\,a\,b$$

Le résultat se compose de :

$$5\,ab + 8\,ab + ab + 3\,ab = 17\,ab$$

S'il y avait des monômes négatifs, on ferait la somme de tous ceux ayant le signe moins, et la différence des deux sommes, en donnant au reste le signe de la plus grande.

Exemple : Soit à trouver la somme de :

$$2\,ab - 8\,ab + 6\,ab - 20\,ab$$

La somme des quantités positives se compose de :

$$2\,ab + 6\,ab = 8\,ab$$

La somme des quantités négatives se compose de :

$$-8\,ab - 20\,ab = -28\,ab$$

La somme définitive est la différence entre :

$$8\,ab \quad \text{et} \quad -28\,ab \quad \text{ou} \quad -20\,ab$$

Généralement, on se dispense d'indiquer les calculs, et l'on fait la différence entre les quantités, en même temps que l'addition.

2° CAS. — Pour faire l'addition de plusieurs binômes, *on les écrit les uns à la suite des autres avec leurs signes respectifs et l'on fait la réduction des termes semblables.*

Exemple : $(5\,a^2b + 3\,b^2a) + (-6\,a^2b + 4\,b^2a) + (11\,a^2b + d)$

donnent pour somme :

$$
\begin{aligned}
5\,a^2b + 11\,a^2b &= 16\,a^2b \\
16\,a^2b - 6\,a^2b &= 10\,a^2b \quad (1) \\
3\,b^2a + 4\,b^2a &= 7\,b^2a \quad (2) \\
d &= d \quad (3)
\end{aligned}
$$

$$\text{Total} : 10\,a^2b + 7\,b^2a + d$$

En opérant de suite on a :

$$5a^2b + 3\,b^2a - 6\,a^2b + 4\,b^2a + 11\,a^2b + d = 10\,a^2b + 7\,b^2a + d.$$

3° CAS. — Pour faire l'addition des polyńomes, *on les écrit les uns à la suite des autres, avec leurs signes respectifs, et l'on fait la réduction des termes semblables ; c'est la même règle que celle des binômes, indiquée plus haut.*

Exemple : Soit à trouver la somme des termes du polynome suivant :

$$a^4 + 3\,ac + cd - ac - 3\,a^4 + 5\,a^2b^3 - 8\,ab^4 + 20\,a^4 -$$
$$15\,cd - 3\,a^2b^3 + 30\,cd - 15\,ac + 20\,ab^4 - 30\,a^4$$

En opérant de vive voix la réduction des termes semblables, au fur et à mesure qu'ils se présentent, nous obtenons pour somme :

$$- 12\,a^4 - 13\,ac + 16\,cd + 2\,a^2 b^3 + 12\,a b^4.$$

SOUSTRACTION ALGÉBRIQUE.

La soustraction algébrique est une opération ayant pour but de trouver la différence qui existe entre deux nombres exprimés algébriquement.

Afin d'éviter la répétition, nous n'indiquerons la manière d'opérer que pour deux polynomes, les autres cas n'étant que la simplification de celui que nous allons étudier.

Pour trouver la différence qui existe entre deux polynomes, *on écrit le polynome à soustraire à la suite du premier, en ayant soin d'en changer tous les signes, puis on fait la réduction des termes semblables.*

Ainsi :

$$(a^4 + 3\,ac + cd - 20\,a^2 b) - (2\,a^4 - 2\,ac + cd - 15\,a^2 b)$$

donne :

$$a^4 + 3\,ac + cd - 20\,a^2 b - 2\,a^4 + 2\,ac - cd + 15\,a^2 b$$

ou en faisant la réduction des termes semblables :

$$- a^1 + 5\, a\, c - 5\, a^2\, b\, ;$$
$$\text{car} + c\, d \quad \text{et} \quad - c\, d \text{ s'annulent.}$$

Ainsi quelle que soit la soustraction à opérer
entre deux polynomes quelconques, il faut toujours changer tous les signes des termes du polynome à soustraire.

2ᵉ Exemple :

$$(15\, a^3\, b^4 + 2\, a\, c^2 - 30\, d^3\, b^2) - (- 12\, a^3\, b^4 + 10\, a\, c^2 - d^3\, b^2)$$

donne pour reste :

$$15\, a^3\, b^4 + 2\, a\, c^2 - 30\, d^3\, b^2 + 12\, a^3\, b^4 - 10\, a\, c^2 + d^3\, b^2$$

et en faisant la réduction des termes semblables :

$$27\, a^3\, b^4 - 8\, a\, c^2 - 29\, d^3\, b^2.$$

MULTIPLICATION ALGÉBRIQUE.

La multiplication algébrique, est une opération qui a pour but de trouver le produit de deux
ou plusieurs nombres exprimés algébriquement.

Dans cette opération, on distingue trois cas
principaux :

1° *La multiplication de deux monômes ;*

2° *La multiplication d'un binôme par un monôme;*

3° *La multiplication de deux polynomes.*

1er Cas. — Dans la multiplication de deux monômes, il faut suivre à la fois les règles des signes, des coefficients, des lettres et des exposants.

La règle des signes consiste en ce que le produit est positif, lorsque les deux facteurs ont le
même signe, et est négatif si les deux facteurs
sont de signes contraires, autrement dit :

$$+ \text{ multiplié par } + \text{ donne au produit } +$$
$$+ \quad » \quad - \quad » \quad -$$
$$- \quad » \quad + \quad » \quad -$$
$$- \quad » \quad - \quad » \quad +$$

La règle des coefficients consiste à les multiplier ensemble :

$$3\,a.\,5\,b = 15\,a\,b.$$

La règle des lettres consiste à les écrire telles
qu'on les trouve en opérant, en ayant soin de ne
les séparer par aucun signe :

$$a \times b \times c = a\,b\,c.$$

La règle des exposants est celle-ci : L'exposant d'une lettre du produit est égale à la somme
des exposants de cette même lettre dans les deux
facteurs, multiplicande et multiplicateur.

$$a^5 b^2 \cdot a^3 b^2 = a^8 b^4$$

Ce que nous venons d'énoncer étant compris, il s'ensuit que pour multiplier deux monômes, *on donne au produit le signe plus, lorsque les deux facteurs ont le même signe, ou le signe moins si les deux facteurs sont de signes différents ; on multiplie les coefficients, on écrit les lettres à la suite les unes des autres, sans interposition de signe, et l'on donne pour exposant la somme des exposants de ces mêmes lettres dans les deux facteurs.*

$$7\,a^2 b^4 \,.\, 8\,a^3 b^5 = 56\,a^5 b^9$$
$$15\,a^3 b^2 \,.\, -5\,a^2 b = -75\,a^5 b^3$$
$$-8\,c^2 d^4 \,.\, 4\,cd = -32\,c^3 d^5$$
$$-2\,a^2 b^8 \,.\, -5\,ab = 10\,a^3 b^9$$

2ᵉ CAS. — Pour multiplier un binôme par un monôme, *après avoir observé les règles précédentes, on multiplie chaque terme du binôme par le monôme, et l'on sépare les termes du produit par le signe qui leur convient.*

$$(3\,a^2 b + b^4 c^3) \,.\, a^3 b^2 = 3\,a^5 b^3 + b^6 c^3 a^3$$
$$(7\,a^2 b - 8\,a b^2) \,.\, -5\,ac = -35\,a^3 bc + 40\,a^2 b^2 c$$
$$(-3\,c^2 d^4 - a^3 c) \,.\, -a^5 b^2 = 3\,c^2 d^4 a^5 b^2 + a^8 c b^2$$
$$(-2\,a^4 b + 5\,c^3) \,.\, a^3 b^2 c^3 = -2\,a^7 b^3 c^3 + 5\,c^6 a^3 b^2.$$

3ᵉ Cas. — Pour multiplier un polynome par un polynome, *on écrit le polynome multiplicateur au-dessous du polynome multiplicande, et l'on souligne le tout.*

On multiplie successivement les termes du

multiplicande par chaque terme du multiplicateur, et l'on écrit les produits partiels obtenus les uns sous les autres. On ajoute tous ces produits partiels, et l'on fait la réduction des termes semblables, afin d'obtenir le produit total.

Il faut dans ce dernier cas, non-seulement suivre les règles des signes, des coefficients, etc., qui sont indispensables, mais il est utile en même temps de suivre cette dernière règle consistant à *ordonner* les facteurs avant de commencer l'opération, quoique n'étant pas obligatoire, cette méthode d'ordonner les polynomes, rend l'opération beaucoup plus simple, et en même temps plus facile.

Ordonner un polynome par rapport aux puissances croissantes ou décroissantes d'une lettre de ses termes, c'est disposer ces mêmes termes de façon que les exposants de la lettre aillent toujours en augmentant ou en diminuant dans un même sens.

Lorsque l'on ordonne les termes du multiplicande par rapport à la puissance croissante ou décroissante d'une lettre; il faut ordonner les termes du multiplicateur par rapport à la même lettre et suivre le même ordre de gradation, de sorte que le produit est tout ordonné; de cette façon, on s'épargne la peine de chercher les termes semblables qui se trouvent immanquablement dans la même colonne verticale.

1er EXEMPLE :

Multiplicande : $5\,a^3 b^2 + 8\,a^2 b^3 - 4\,a\,b^4$
Multiplicateur : $15\,a^4 b^2 - 2\,a^3 b^3 + 5\,a^2 b^4$
1ʳ Prod. partiel : $75\,a^7 b^4 + 120\,a^6 b^5 - 60\,a^5 b^6$
2ᵉ — — : $\qquad\qquad - 10\,a^6 b^5 - 16\,a^5 b^6 + 8\,a^4 b^7$
3ᵉ — — : $\qquad\qquad\qquad\qquad 25\,a^5 b^6 + 40\,a^4 b^7 - 20\,a^3 b^8$
Produit total : $75\,a^7 b^4 + 110\,a^6 b^5 - 51\,a^5 b^6 + 48\,a^4 b^7 - 20\,a^3 b^8$

Dans cet exemple, les termes sont ordonnés par rapport à la puissance décroissante de la lettre a.

2ᵉ EXEMPLE :

$$(a^2 b + a^3 b^2 + a^4 b^3) \cdot (a^2 b - a^3 b^2 - a^4 b^3)$$

Multiplicande : $\qquad a^2 b + a^3 b^2 + a^4 b^3$
Multiplicateur : $\qquad a^2 b - a^3 b^2 - a^4 b^3$
1ᵉʳ Produit partiel : $a^4 b^2 + a^5 b^3 + a^6 b^4$
2ᵉ — — : $\qquad - a^5 b^3 - a^6 b^4 - a^7 b^5$
3ᵉ — — : $\qquad\qquad - a^6 b^4 - a^7 b^5 - a^8 b^6$
Produit total : $a^4 b^2 - a^6 b^4 - 2\,a^7 b^5 - a^8 b^6$

Le terme $a^5 b^3$ étant en plus et en moins s'annule. Dans cet exemple, le polynome à ses termes ordonnés par rapport à la puissance croissante de la lettre a.

3ᵉ EXEMPLE

$$(3\,a^2 b^3 + 2\,c^2 d^3 - 8\,a\,b^4 - 5\,a^4 b) \cdot (20\,a^3 b - 5\,a\,b^3 + c^2 d - 4\,a^2 b^2)$$

Nous ordonnons les termes des deux polynomes, par rapport à la puissance décroissante de la lettre a.

$$\text{Multiplic}^{\text{e}}. \quad 5\,a^4\,b + 3\,a^2\,b^3 - 8\,a\,b^4 + 2\,c^2\,d^3$$
$$\text{Multiplic}^{\text{r}}. \quad 20\,a^3\,b - 4\,a^2\,b^2 - 5\,a\,b^3 + c^2\,d$$

$$1^{\text{e}}\text{ P. part.} \quad -100\,a^7\,b^2 + 60\,a^5\,b^4 - 160\,a^4\,b^5 + 40\,a^3\,b\,c^2\,d^3$$
$$2^{\text{e}} \quad — \quad 20\,a^6\,b^3 - 12\,a^4\,b^5 + 32\,a^3\,b^6 - 8\,a^2\,b^2\,c^2\,d^3$$
$$3^{\text{e}} \quad — \quad 25\,a^5\,b^4 - 15\,a^3\,b^6 + 40\,a^2\,b^7 - 10\,a\,b^3\,c^2\,d^3$$
$$4^{\text{e}} \quad — \quad -5\,a^4\,b\,c^2\,d + 3\,a^2\,b^3\,c^2\,d - 8\,a\,b^4\,c^2\,d + 2\,c^4\,d^4$$

$$\text{P. total :} \quad -100\,a^7\,b^2 + 20\,a^6\,b^3 + 85\,a^5\,b^4 - 172\,a^4\,b^5 - 5\,a^4\,b\,c^2\,d + 40$$
$$a^3\,b\,c^2\,d^3 + 17\,a^3\,b^6 + 3\,a^2\,b^3\,c^2\,d - 8\,a^2\,b^2\,c^2\,d^3 + 40\,a^2\,b^7$$
$$-8\,a\,b^4\,c^2\,d - 10\,a\,b^3\,c^2\,d^3 + 2\,c^4\,d^4$$

Si nous représentons par m et m', les termes dont se composent le multiplicande et le multiplicateur, le nombre de termes du produit ne peut pas être moins de deux, ni plus de $m.\,m'$, alors lorsque ce nombre est égal à $m.\,m'$, il n'y a aucune simplification, attendu qu'il n'y a pas de termes semblables.

DIVISION ALGÉBRIQUE.

La division algébrique, est une opération ayant pour but de déterminer un facteur lorsque le produit et l'autre facteur sont connus.

Comme en arithmétique, ces trois quantités se nomment : *Dividende, diviseur* et *quotient*.

Dans cette opération, on distingue trois cas :

1° *La division de deux monômes ;*

2° *La division d'un binôme par un monôme ;*

3° *La division de deux polynomes.*

1er CAS. — Dans la division des monômes, il faut savoir la règle des lettres, des coefficients, des exposants et des signes.

La règle des lettres consiste à supprimer les lettres du dividende qui sont communes au diviseur, alors le quotient se compose des lettres qui restent dans le dividende et le diviseur.

$$\text{Exemple} : a\,b : b = a$$
$$a^5\,b^6\,c^2 : a^5\,b^6\,d^3 = \frac{c^2}{d^3}$$

Ce principe est fondé en ce que l'on ne change pas la valeur d'une fraction, en divisant ses deux termes par un même nombre.

La règle des coefficients consiste en ce que le coefficient du quotient est égale au coefficient du dividende, divisé par celui du diviseur.

$$\text{Exemple} : 15\,a\,b^4 : 5\,c\,d = 3\,\frac{a\,b^4}{c\,d}$$
$$3\,a^2\,b : 2\,a^2\,c^4 = \frac{3}{2}\,\frac{b}{c^4}$$

La règle des exposants est celle-ci : L'exposant d'une lettre du quotient est égal à la différence des exposants de cette même lettre dans le dividende, et dans le diviseur.

$$\text{Exemple} : 8\,a^5\,b^3\,c^2 : 3\,a^3\,b^2\,d = \frac{8}{3}\,a^2\,b\,\frac{c^2}{d}$$
$$4\,a^3\,b^7 : 2\,a^5\,b^6 = 2\,a^{-2}\,b$$

La règle des signes consiste en ce que le quotient est positif, lorsque le dividende et le diviseur ont le même signe, et est négatif s'ils sont de signes contraires.

de sorte que :

$$+ \text{ divisé par } + \text{ donne } + \text{ au quotient}$$
$$+ \quad \text{»} \quad - \quad \text{»} \quad - \quad \text{»}$$
$$- \quad \text{»} \quad + \quad \text{»} \quad - \quad \text{»}$$
$$- \quad \text{»} \quad - \quad \text{»} \quad + \quad \text{»}$$

Ces règles étant posées, il s'ensuit que pour diviser un monôme par un monôme, *on donne au quotient le signe plus, lorsque le dividende et le diviseur ont le même signe. Le coefficient du quotient égale celui du dividende, divisé par celui du diviseur, la lettre du quotient est celle qui est commune ou non aux deux monômes, ayant pour exposant la différence des exposants de cette lettre dans le dividende et le diviseur.*

Si la même lettre a le même exposant dans les deux monômes, on la supprime au quotient.

$$\text{Exemple : } 5\,a^4\,b^2 : 2\,a^2\,b = \frac{5}{2}\,a^2\,b$$
$$8\,a^6\,b^5 : 4\,a^6\,b^2 = 2\,b^3$$
$$15\,a^3\,b^7 : -5\,a\,b^2 = -3\,a^2\,b^5$$
$$-3\,a^6\,b^4 : -5\,a^2\,b^7 = \frac{3}{5}\,a^4\,b^{-3}$$

2° CAS. — Pour diviser un binôme par un monôme, *après avoir observé les règles énoncées pré-*

cédemment, on divise le premier terme du binôme par le monôme, ce qui donne le premier terme du quotient, on multiplie le monôme par ce premier terme, et l'on retranche le produit du premier terme du binôme, on en divise le second terme par le monôme, ce qui donne le second terme du quotient, on le multiplie par le diviseur et l'on en retranche le produit du second terme du dividende.

Exemple : $8\,a^4\,b^3 - 5\,a^3\,b^4 : 2\,a^2\,b$

DIVIDENDE	DIVISEUR
$8\,a^4\,b^3 - 5\,a^3\,b^4$	$2\,a^2\,b$
$-\,8\,a^4\,b^3 - 5\,a^3\,b^4$	
1er reste $\qquad 0 - 5\,a^3\,b^4$	QUOTIENT
$+\,5\,a^3\,b^4$	$4\,a^2\,b^2 - \dfrac{5}{2}\,a\,b^3$
2e reste $\qquad 0$	

Dans ce cas la division est exacte.

Exemple : $15\,a^5\,b^4\,c - 30\,a^4\,c^2\,b : 3\,a^2\,b\,c$

DIVIDENDE	DIVISEUR
$15\,a^5\,b^4\,c - 30\,a^4\,c^2\,b$	$3\,a^2\,bc$
$-\,15\,a^5\,b^4c - 30\,a^4\,c^2\,b$	
1er reste $\qquad 0 - 30\,a^4\,c^2\,b$	QUOTIENT
$+\,30\,a^4\,c^2\,b$	$5\,a^3\,b^3 - 10\,a^2\,c$
2e reste $\qquad 0$	

S'il y avait une lettre qui rentre au diviseur

sans être au dividende, la division serait impossible.

La preuve de la division algébrique se fait comme en arithmétique, en multipliant le diviseur par le quotient, et en ajoutant le reste au produit, on retrouve le dividende.

3ᶜ Cᴀs. — Pour diviser un polynome par un polynome, *on ordonne le dividende et le diviseur par rapport à la puissance croissante ou décroissante d'une lettre commune. On écrit le diviseur à la droite du dividende en les séparant par un trait vertical, puis on souligne le diviseur; au-dessous, se trouve la place du quotient.*

On divise le 1ᵉʳ terme du dividende par le 1ᵉʳ du diviseur, ce qui donne le 1ᵉʳ terme du quotient, on le multiplie par le diviseur, et l'on retranche le produit du dividende. Après que l'on a ordonné le 1ᵉʳ reste, on en divise le 1ᵉʳ terme par le 1ᵉʳ du diviseur, ce qui donne le 2ᶜ terme du quotient, etc.

On répète cette opération jusqu'à ce que l'on obtienne un reste nul ou algébriquement plus petit que le diviseur.

Exemple :

$$-2\,a^7\,b^2 + a^4\,b^2 - a^8 - a^6\,b^4 \;:\; a^3\,b^2 + a^4 + a^2\,b$$

En ordonnant les polynomes par rapport à la puissance décroissante de la lettre a on a :

DIVIDENDE		DIVISEUR
$-a^8-2a^7b^2-a^6b^4+a^4b^2$		$a^4+a^3b^2+a^2b$
$+a^8+a^7b^2+a^6b$		
1er reste $\quad-a^7b^2-a^6b^4+a^6b+a^4b^2$		QUOTIENT
$+a^7b^2+a^6b^4+a^5b^3$		$-a^4-a^3b^2+a^2b$
2e reste $\quad a^6b+a^5b^3+a^4b^2$		
$-a^6b-a^5b^3-a^4b^2$		
3e reste $\qquad 0\qquad 0\qquad 0$		

On voit que cette division ne peut arriver à un reste nul.

Il faut toujours ordonner la même lettre dans le dividende et le diviseur par rapport à la puissance croissante ou décroissante.

OBSERVATIONS.

Toute quantité qui a pour exposant zéro, est égale à l'unité.

Nous disons que, si X représente une quantité, on a $X^0 = 1$.

En effet, on a toujours $\dfrac{X^n}{X^n} = X^{n-n}$ d'après la division de deux monômes.

Or $\dfrac{X^n}{X^n} = 1$, lorsque les deux termes d'une fraction sont égaux, la fraction équivaut à l'unité, mais $n - n = 0$; de là on a $\dfrac{X^n}{X^n} = X^0$.

3 .

Deux quantités 1 et X^o égales à une 3^e $\dfrac{X^n}{X^n}$ sont égales entr'elles; donc $X^o = 1$.

En prenant une valeur numérique quelconque pour X, on a par exemple $8^o = 1$.

$$\left(\frac{15}{7}\right)^o = 1.$$

Si c'est une quantité littérale qui représente la valeur de X, on peut avoir

$$\overline{(2\,ab - 3\,c\,d)}^o = 1.$$

Il est utile de savoir *que toute quantité ayant un exposant négatif ou positif, est égale à l'unité divisée par cette quantité dans laquelle le signe de l'exposant est changé.*

Ainsi :

$$X^{-n} = \frac{1}{X^n} \quad \text{ou} \quad X^n = \frac{1}{X^{-n}}$$

En effet $X^{-n} = \dfrac{X^q}{X^{q+n}}$ toujours d'après la division de deux monômes.

Si $q = o$, en remplaçant dans l'égalité précédente, il vient $X^{-n} = \dfrac{X^o}{X^n}$, or, nous avons démontré plus haut que $X^o = 1$; remplaçant X^o par l'unité dans l'égalité précédente.

$$X^{-n} = \frac{1}{X^n}$$

On peut toujours supposer que $q = o$, car quel que nombre auquel il soit égal, l'égalité $X^{-n} = \dfrac{X^q}{X^{q+n}}$ est toujours vraie.

Nous ne démontrerons pas *qu'un facteur d'un terme d'une fraction peut passer dans l'autre, en changeant le signe de son exposant*, la théorie n'étant pas du ressort du programme que nous avons indiqué.

Ayant la fraction $\dfrac{a^p b^q}{c^m d^n}$, faisons passer le facteur d^n dans le premier terme, nous aurons l'égalité $\dfrac{a_p b_q}{c^m d^n} = \dfrac{a^p b^q d^{-n}}{c^m}$.

Faisons passer le facteur b^q dans le second terme, nous aurons l'égalité : $\dfrac{a^p b^q}{c^m d^n} = \dfrac{a^p}{c^m d^n b^{-q}}$, cela est basé sur les considérations précédentes.

Lorsqu'une quantité a un exposant négatif, cela provient d'une division dans laquelle l'exposant du dividende est plus petit que celui du diviseur par rapport à la même lettre.

Ainsi $b^{15} : b^{20} = b^{15-20}$ ou b^{-5} la quantité b du quotient a un exposant négatif.

Pour qu'un polynome soit divisible par un autre exactement, indépendamment de la lettre suivant laquelle il a été ordonné, il faut que tous les coefficients de cette lettre soient divisibles par les coefficients de la même lettre dans le second polynome.

DES FRACTIONS ALGÉBRIQUES.

Une fraction algébrique provient de ce qu'une division algébrique n'a pu s'effectuer sans reste ; alors on indique simplement cette opération ; le quotient non effectué s'appelle *fraction algébrique ou littérale*; le dividende et le diviseur sont *le numérateur* et *le dénominateur de la fraction*.

Ainsi $2a^2 - 4b^5 : a^3 - 3b$ conduit à un quotient indéfini, la division se présente sous cette forme :

$$\frac{2a^2 - 4b^5}{a^3 - 3b}.$$

RÉDUCTION DES FRACTIONS A LEUR PLUS SIMPLE EXPRESSION.

Pour réduire une fraction à sa plus simple expression, *on divise ses deux termes par leur plus grand commun diviseur*, cette manière d'opérer étant fort compliquée, on a recours à d'autres moyens.

On peut supprimer les facteurs qui sont communs aux deux termes.

Ou bien *diviser les deux termes par une même quantité qui s'aperçoit pour peu que l'on ait l'habitude de ce genre d'opération.*

1er EXEMPLE

$$\frac{4\,a^2\,c^2+8\,b^4c^3-3\,a^4c^2b}{a\,c^2\,b}$$

peut s'écrire ainsi en mettant c^2 en facteur commun dans le numérateur

$$\frac{c^2\,(4a^2+8\,b^4c-3\,a^4b)}{a\,c^2\,b},$$

supprimant le facteur c^2 commun aux deux termes

$$\frac{4\,a^2+8\,b^4c-3\,a^4b}{a\,b};$$

mettons a^2 facteur commun dans les termes $4\,a^2$ et $-3\,a^4b$

$$\frac{8\,b^4c+a^2\,(4-3\,a^2b)}{a\,b}.$$

Divisons le facteur $8\,b^4c$ par b et $a^2\,(4-3\,a^2b)$ par a, la fraction se présentera sous cette forme :

$$\frac{8\,b^3c}{a}+\frac{a\,(4-3\,a^2b)}{b},$$

fraction irréductible.

2e EXEMPLE

$$\frac{a^2 + 2\,a\,b + b^2 - a^2 - b^2}{a}$$

faisons $\dfrac{2\,a\,b}{a} = 2\,b$ et substituons cette valeur dans la fraction

$$\frac{a^2}{a} + 2\,b + \frac{b^2}{a} - \frac{a^2}{a} - \frac{b^2}{a},$$

en simplifiant on a $2\,b$.

3e EXEMPLE

$$\frac{a^2 + b^2 + 2\,a\,b + c^4}{(a+b)\,c},$$

nous remarquons que le numérateur renferme le carré de $a + b$, remplaçons donc $a^2 + b^2 + 2\,a\,b$ par $(a + b)^2$, on aura :

$$\frac{(a+b)^2 + c^4}{(a+b)\,c}$$

supprimons les facteurs communs $(a+b)$, on a :

$$\frac{(a+b)}{c} + \frac{c^3}{a+b}.$$

4e EXEMPLE

$$\frac{12\,a^3 + 3\,a\,c^4 + 4\,a^2\,b + b\,c^4}{6\,a\,b + 3\,a^2\,c + 2\,b^2 + a\,b\,c}.$$

Divisant les deux termes par $3\,a + b$, on a :

$$\frac{4\,a^2 + c^4}{2\,b + a\,c}.$$

OPÉRATIONS SUR LES FRACTIONS.

Pour additionner plusieurs fractions algébriques, *on les réduit au même dénominateur, ce qui se fait en multipliant les deux termes de chaque fraction par le produit effectué ou non des autres dénominateurs, puis on additionne les numérateurs, leur somme est le numérateur d'une fraction qui a pour dénominateur, le dénominateur commun.*

Exemple :

$$\frac{a}{b} + \frac{c}{d} + \frac{e}{f} + \frac{g}{h}$$

donnent, en appliquant la règle que nous venons d'énoncer :

$$\frac{adfh}{bdfh} + \frac{cbfh}{bdfh} + \frac{ebdh}{bdfh} + \frac{gbdf}{bdfh},$$

ou en écrivant le dénominateur commun qu'une seule fois :

$$\frac{adfh + cbfh + ebdh + gbdf}{bdfh}.$$

Pour retrancher une fraction d'une autre, *on les réduit au même dénominateur, on retranche le numérateur de la seconde de celui de la première, ce qui donne le numérateur d'une fraction qui a pour dénominateur, le dénominateur commun.*

Exemple :

$$\frac{a-b}{a+b} - \frac{a+b}{a-b}$$

donnent en appliquant la règle :

$$\frac{(a-b)^2}{a^2-b^2} - \frac{(a+b^2}{a^2-b^2},$$

en développant les carrés, on a :

$$\frac{a^2+b^2-2\,a\,b}{a^2-b^2} - \frac{a^2+b^2+2\,a\,b}{a^2-b^2}$$

changeons tous les signes de la quantité à soustraire :

$$\frac{a^2+b^2-2\,a\,b - a^2-b^2-2\,a\,b}{a^2-b^2},$$

simplifiant :

$$\frac{-4\,a\,b}{a^2-b^2}$$

Pour multiplier plusieurs fractions, *on multiplie leurs numérateurs entr'eux, ce qui donne le numérateur d'une fraction qui a pour dénominateur, le produit de tous les dénominateurs.*

Exemple :

$$\frac{a}{b} \times \frac{c}{d} \times \frac{e}{f}$$

donnent :

$$\frac{a \times c \times e}{b \times d \times f}$$

$$\left(\frac{(a^2 - b^2)}{ab} \right) \times \frac{(a+b)}{(a-b)} = \frac{(a^2 - b^2)(a+b)}{ab(a-b)}$$

décomposant $a^2 - b^2$ en $(a+b)(a-b)$ et substituons cette dernière valeur au numérateur de la fraction.

$$\frac{(a+b)(a-b)(a+b)}{ab(a-b)}$$

supprimant le facteur commun $a - b$, on a :

$$\frac{(a+b)^2}{ab}.$$

Pour diviser une fraction par une fraction, *on multiplie la fraction dividende par la fraction diviseur renversée.*

Appliquant cette règle à l'exemple ci-dessous :

$$\frac{a+b}{a-b} : \frac{a-b}{a+b}$$

on a :

$$\frac{(a+b)(a+b)}{(a-b)(a-b)} \qquad \text{ou} \qquad \frac{(a+b)^2}{(a-b)^2}$$

Pour élever une fraction à la puissance m, *on élève ses deux termes au $m^{\text{ième}}$ degré.*

Pour élever une fraction au carré, on élèvera ses deux termes aux carrés

$$\left(\frac{a+b}{a-b} \right)^2 = \frac{(a+b)^2}{(a-b)^2}$$

$$\overline{\left(\frac{a}{b}\right)}^2 = \frac{a^2}{b^2}$$

Pour extraire la racine m^{ième} d'une fraction, *on extrait la racine* m^{ième} *de chacun de ses termes.*

Pour extraire la racine carrée d'une fraction, on extrait la racine carrée de chacun de ses termes.

$$\sqrt{\frac{a+b}{a-b}} = \frac{\sqrt{a+b}}{\sqrt{a-b}}$$

$$\sqrt{\frac{a^2}{b^2}} = \frac{\sqrt{a^2}}{\sqrt{b^2}} = \frac{a}{b}$$

FORMATION DU CARRÉ DES POLYNOMES.

Le carré de $a+b$ est égal à

$$a^2 + 2ab + b^2$$

Le carré de $a-b$ est égal à

$$a^2 - 2ab + b^2$$

Donc on peut écrire :

$$\overline{(a-b)}^2 = a^2 - 2ab + b^2$$

c'est-à-dire :

Le carré d'un binôme est égal au carré du premier terme, plus ou moins le double produit du premier terme par le second, plus le carré de ce second.

On trouverait que le carré d'un polynome quelconque se compose :

1° *De la somme des carrés de chacun de ses termes.*

2° *De la somme des produits obtenus, en multipliant le double de chaque terme, par chacun des autres.*

Ainsi :

$$\overline{(2\,a+3\,b+4\,c)}^{\,2}$$

donne

$$4\,a^2+9\,b^2+16\,c^2+12\,ab+16\,ac+24\,bc$$

D'après l'ordre de l'énoncé, en faisant la multiplication, l'ordre des termes serait changé, ce qui n'influe en rien sur la valeur du polynome ou de son carré.

FORMATION DU CUBE DES POLYNOMES.

Le cube de $a+b$ est égal à

$$a^3+3\,a^2b+3\,ab^2+b^3$$

Le cube de $a - b$ est égal à

$$a^3 - 3\,a^2\,b - 3\,a\,b^2 - b^3$$

Donc on peut écrire :

$$\overline{(a-b)}^3 = a^3 + 3\,a^2\,b - 3\,a\,b^2 - b^3,$$

c'est-à-dire :

Le cube d'un binôme est égal au cube du premier terme, plus ou moins le triple produit du carré du premier terme par le second, plus le triple produit du premier terme par le carré du second, plus ou moins le cube du second.

On trouverait que le cube d'un polynome composé de trois termes serait le même que celui du binôme précédent, en changeant b en $b + c$, ainsi :

$$\overline{(a+b+c)}^3 = a^3 + 3\,a^2\,(b+c) + 3\,a\,\overline{(b+c)}^2 + \overline{(b+c)}^3 =$$
$$a^3 + 3a^2b + 3a^2c + 3ab^2 + 6abc + 3ac^2 + b^3 + 3b^2c + 3c^2b + c^3$$

Si dans ce cas, nous changeons c en $c + d$, nous aurons le cube du polynome $(a+b+c+d)$ et ainsi de suite en changeant d en $d + e$, etc.

EXTRACTION DE LA RACINE CARRÉE D'UN POLYNOME.

Pour extraire la racine carrée d'un polynome, *on ordonne une lettre par rapport à la puissance décroissante, puis on extrait la racine carrée du premier terme, ce qui donne le premier terme de la racine, on élève au carré ce premier terme et l'on soustrait le produit du premier terme du polynôme, on divise le premier terme du reste par le double du premier terme de la racine, le quotient en est le second terme, on retranche du premier reste le produit du double du premier terme de la racine joint au deuxième par ce deuxième et l'on divise le premier terme du reste trouvé par le double du premier terme de la racine ce qui en donne le troisième terme et ainsi de suite on retranche du dernier reste obtenu le produit du double des deux premiers termes de la racine joints au troisième multiplié par ce troisième, en divisant le premier terme du troisième reste par le double du premier terme de la racine ou à un quotient qui en est le quatrième terme, on continue toujours ainsi, si l'on arrive à un reste nul le polynome donné est un carré parfait.*

Exemple :

Soit à extraire la racine carrée du polynome

$$4\,a^4 b^4 + 16\,a^3 b^5 + 12\,a^2 b^6 - 8\,a\,b^7 + b^8.$$

Nous ordonnons ce polynome par rapport à la puissance décroissante de la lettre a.

POLYNOME	RACINE
$4\,a^4\,b^4 + 16\,a^3\,b^5 + 12\,a^2\,b^6 - 8\,a\,b^7 + b^8$ $-4\,a^4\,b^4$	$2\,a^2\,b^2 + 4\,a\,b^3 - b^4$
1er Reste : $0 + 16\,a^3\,b^5 + 12\,a^2\,b^6 - 8\,a\,b^7 + b^8$ $-16\,a^3\,b^5 - 16\,a^2\,b^6$	Double du 1er terme de la racine : $4\,a^2\,b^2$
2^e Reste : $\qquad 0 \qquad -4\,a^2\,b^6 - 8\,a\,b^7 + b^8$ $4\,a^2\,b^6 + 8\,a\,b^7 - b^8$	1er Produit : $(4\,a^2\,b^2 + 4\,a\,b^3)\,4\,a\,b^3$
3e Reste : $\qquad\qquad 0 \qquad 0 \qquad 0$	2e Produit : $(4\,a^2\,b^2 + 8\,a\,b^3 - b^4) - b^4$

Lorsque le premier et le dernier terme d'un polynome ne sont pas positifs et carrés parfaits, le polynome n'est pas carré parfait, alors la racine est dite *irrationnelle*.

EXTRACTION DE LA RACINE CUBIQUE DES POLYNOMES.

Pour extraire la racine cubique d'un polynome, *on ordonne une lettre par rapport à la puissance décroissante :*

On extrait la racine cubique de son premier terme ce qui donne le premier terme de la racine, on retranche le cube de ce premier terme du premier du polynome et l'on divise le deuxième terme par le triple carré du premier terme de la racine, le quotient en est le deuxième terme, on soustrait du polynome le cube des deux premiers termes de la racine et l'on divise le premier terme du reste par le triple carré du premier terme de la racine pour en avoir le troisième terme, on fait le cube des trois premiers termes de la racine que l'on retranche du polynome et l'on divise le premier terme du reste par le triple carré du premier terme de la racine pour en avoir le quatrième terme et l'on opère ainsi de la même manière ; si l'on arrive à un reste nul le polynome est dit cube parfait et la racine est dite rationnelle.

Exemple :

Soit à extraire la racine cubique du polynôme.

$$8\,a^6 b^6 + 48\,a^5 b^7 + 84\,a^4 b^8 + 16\,a^3 b^9 - 42\,a^2 b^{10} + 12\,a b^{11} - b^{12}$$

Nous ordonnons ce polynôme par rapport à la puissance décroissante de la lettre a.

POLYNOME	RACINE
$8a^6b^6 + 48a^5b^7 + 84a^4b^8 + 16a^3b^9 - 42a^2b^{10}$ $+ 12ab^{11} - b^{12} - 8a^6b^6$	$2a^2b^2 + 4ab^3 - b^4$
1er Reste : $0 + 48a^5b^7 + 84a^4b^8 + 16a^3b^9 -$ $42a^2b^{10} + 12ab^{11} - b^{12}$	Triple carré du premier terme de la racine $= 12\,a^4 b^4$.
Cube des 2 1ers termes de la racine. $\left\{ \begin{array}{l} -8a^6b^6 - 48a^5b^7 - 96a^4b^8 \\ -64a^3b^9 \end{array} \right.$	
2e Reste : $\quad 0 \quad\quad 0 \quad\quad -12a^4b^8 - 48a^3b^9$ $-42a^2b^{10} + 12ab^{11} - b^{12}$	
Cube des 3 1ers termes de la racine. $\left\{ -8a^6b^6 - 48a^5b^7 - 84a^4b^8 - 16a^3b^9 + 42a^2b^{10} - 12ab^{11} + b^{12} \right.$	
3e Reste : $\quad 0 \quad\quad 0 \quad\quad 0 \quad\quad 0 \quad\quad 0 \quad\quad 0 \quad\quad 0$	

On retranche toujours le cube des termes de la racine, du polynome donné.

De cette manière on trouverait que la racine cubique du polynome

$$a^3 + 3a^2b + 3a^2c + 3ab^2 + 6abc + 3ac^2 + b^3 + 3b^2c + 3bc^2 + c^3$$

est le trinôme $a + b + c$.

RADICAUX ET EXPOSANTS FRACTIONNAIRES.

Un radical est une expression recouverte du signe $\sqrt{}$

Les radicaux et les exposants fractionnaires indiquent la même opération.

Ainsi :

Sous un radical du $n^{ième}$ degré, *on peut faire passer une quantité se trouvant au dehors, en l'élevant à la puissance $n^{ième}$.*

$$\sqrt[2]{a^3} = a^{\frac{3}{2}}$$

$$\sqrt[3]{a^2 b} = a^{\frac{2}{3}} b^{\frac{1}{3}}$$

$$\sqrt[4]{a^2 b^4} = a^{\frac{2}{4}} b^{\frac{4}{4}} = a^{\frac{1}{2}} b$$

Sous un radical du $n^{\text{ième}}$ degré, *on peut faire passer une quantité se trouvant au dehors, en l'élevant à la puissance $n^{\text{ième}}$.*

Ainsi :

$$a^{\text{m}} \sqrt[\text{n}]{b^q\ c^p} = \sqrt[\text{n}]{a^{\text{m.n}}\ b^q\ c^p}.$$

De sorte que pour faire sortir une quantité de sous un radical du $n^{\text{ième}}$ degré, *on extrait la racine $n^{\text{ième}}$ de cette quantité.*

Ainsi :

$$\sqrt[\text{n}]{a^{\text{mn}}\ b^q\ c^p} = a^{\text{m}} \sqrt[\text{n}]{b^q\ c^p}.$$

On peut multiplier ou diviser l'indice d'un radical et les exposants des quantités placées au-dessous par un même nombre, sans en changer la valeur.

Ainsi :

$$\sqrt[\text{n}]{a^{\text{m}} b^q} = \sqrt[\text{n.p}]{a^{\text{m.p.}}\ b^{q.p.}}$$

et

$$\sqrt[\text{n}]{a^{\text{m}} b^q} = \sqrt[\frac{\text{n}}{\text{p}}]{a^{\frac{\text{m}}{\text{p}}}\ b^{\frac{q}{\text{p}}}}.$$

SIMPLIFICATION DES RADICAUX.

Pour simplifier un radical *on divise l'indice de sa racine et les exposants des quantités placées au-dessous par leur plus grand commun diviseur.*

Exemple : Le radical $\sqrt[16]{a^8 b^4 c^{24} d^{12}}$ se réduit à $\sqrt[4]{a^2 b. c^6 d^3}$, puisque le plus grand commun diviseur entre 16. 8. 4. 24. 12 est 4.

On peut réduire des radicaux au même indice; *la manière d'opérer consiste à multiplier l'indice et les exposants des quantités placées au-dessous du radical par le produit des autres indices.*

Soit à réduire au même radical les expressions :

$$\sqrt{a^3} \qquad \sqrt[3]{b^4 a} \qquad \sqrt[4]{a^3 b}$$

nous aurons :

$$\sqrt[24]{a^{36}}; \qquad \sqrt[24]{b^{32} a^8}; \qquad \sqrt[24]{a^{18} b^6}.$$

RADICAUX SEMBLABLES

Les radicaux semblables sont ceux qui ont même indice, et dont les quantités placées sous le signe sont les mêmes, quoique ces radicaux aient des coefficients différents.

$$5 a^2 b \sqrt[3]{8 a^4 b^2 c^3} \quad \text{et} \quad -\frac{5}{8} a b^3 \sqrt[3]{8 a^4 b^2 c^3}$$

sont des radicaux semblables.

On reconnaît que plusieurs radicaux sont semblables, si en les simplifiant ils se présentent sous la forme indiquée plus haut.

$$\sqrt[20]{10\,a^{15}\,b^{5}} \quad \text{et} \quad \sqrt[32]{\sqrt[5]{10^{8}}.\ a^{24}\,b^{8}}$$

sont semblables, car étant simplifiés ils donnent tous deux la même expression

$$\sqrt[4]{\sqrt[5]{10}.\ a^{3}.\ b.}$$

En effet, divisons l'indice et les exposants des quantités placées sous le premier radical, par un même nombre 5, et faisons subir au coefficient 10 le même changement en extrayant la racine $5^{\text{ième}}$, on aura :

$$\sqrt[4]{\sqrt[5]{10}.\ a^{3}\,b}$$

Divisons l'indice et les exposants du second radical par 8.

$$\sqrt[4]{\sqrt[5]{10}.\ a^{3}.\ b.}$$

En faisant subir certains changements aux expressions $\sqrt[3]{1000\,a^{10}\,b^{5}\,c^{3}}$ et $\sqrt[6]{64\,a^{8}\,b^{4}\,c^{6}}$ on trouverait qu'elles se réduisent tous deux à celles-ci : $5\,a^{2}b\sqrt[3]{8\,a^{4}\,b^{2}\,c^{3}}$ et $\sqrt[3]{8\,a^{4}\,b^{2}\,c^{3}}$, qui sont des radicaux semblables.

Pour faire la réduction des radicaux semblables, *on renferme dans la parenthèse tous les coefficients des radicaux avec leurs signes respectifs, ce qui donne le facteur d'une multiplication dont l'autre est le radical commun.*

Soit à réduire les radicaux semblables suivants :

$$5\,a^3\,\sqrt{3\,a^3\,b} + 8\,b^2\,\sqrt{3\,a^3\,b} - 7\,a^2\,b^2\,\sqrt{3\,a^3\,b} - 4\,a^3\,\sqrt{3\,a^3\,b}$$

En appliquant la règle énoncée, on trouve :

$$(5\,a^3 + 8\,b^2 - 7\,a^2\,b^2 - 4\,a^3)\,\sqrt{3\,a^3\,b}$$

ou en simplifiant

$$(a^3 + 8\,b^2 - 7\,a^2\,b^2)\,\sqrt{3\,a^3\,b}.$$

ADDITION DES RADICAUX

Pour faire l'addition des radicaux, *on les écrit les uns à la suite des autres avec leurs signes respectifs, puis on fait la réduction des radicaux semblables.*

Exemple :

$$(5\,a^2\,\sqrt[3]{4\,a^2\,b^4} - 2\,a\,b^2\,\sqrt{3\,a^3\,b^5}) + (2\,a\,b\,\sqrt[3]{4\,a^2\,b^4} + 3\,a^2\,b\,\sqrt{3\,a^3\,b^5})$$

additionnées donnent :

$$5\,a^2\,\sqrt[3]{4\,a^2\,b^4} + 2\,a\,b\,\sqrt[3]{4\,a^2\,b^4} + 3\,a^2\,b\,\sqrt{3\,a^3\,b^5} - 2\,a\,b^2\,\sqrt{3\,a^3\,b^5} =$$

$$(5\,a^2 + 2\,a\,b)\,(\sqrt[3]{4\,a^2\,b^4}) + (3\,a^2\,b - 2\,a\,b^2)\,(\sqrt{3\,a^3\,b^5}) = a.(5\,a + 2\,b$$

$$\sqrt[3]{4\,a^2\,b^4} + a\,b\,(3\,a - 2\,b)\,\sqrt{3\,a^3\,b^5}.$$

SOUSTRACTION DES RADICAUX

Pour faire la soustraction des radicaux, *on écrit les radicaux à soustraire à la suite des premiers, en ayant soin d'en changer les signes, et l'on fait la réduction des radicaux semblables.*
Exemple :

$$(5\,a^2\,\sqrt[3]{4\,a^2\,b^4} - 2\,a\,b^2\,\sqrt[3]{3\,a^3\,b^5}) - (2\,a\,b\,\sqrt[3]{4\,a^2\,b^4} - 3\,a^2\,b\,\sqrt[3]{3\,a^3\,b^5})$$

appliquant la règle énoncée, on a :

$$5\,a^2\,\sqrt[3]{4\,a^2\,b^4} - 2\,a\,b\,\sqrt[3]{4\,a^2\,b^4} - 2\,a\,b^2\,\sqrt{3\,a^3\,b^5} + 3\,a^2\,b\,\sqrt{3\,a^3\,b^5} =$$

$$(5\,a^2 - 2\,a\,b)\,\sqrt[3]{4\,a^2\,b^4} + (3\,a^2\,b - 2\,a\,b^2)\,\sqrt{3\,a^3\,b^5} = a\,(5\,a - 2\,b)$$

$$\sqrt[3]{4\,a^2\,b^4} + a\,b\,(3\,a - 2\,b)\,\sqrt{3\,a^3\,b^5}$$

MULTIPLICATION DES RADICAUX

Dans cette opération, on considère deux cas :
1er CAS. — *Lorsque les radicaux ont le même indice, on ne le répète qu'une seule fois, et dessous on écrit le produit obtenu en multipliant entre elles toutes les quantités qui étaient sous les radicaux.*
Appliquons cette règle à l'exemple suivant :

$$\sqrt{2\,a^2\,b^6\,c^4} \times \sqrt{3\,a\,b\,c} \times \sqrt{a^2\,b^3\,c}$$

on aura :

$$\sqrt{2\,a^2\,b^6\,c^4} \times \sqrt{3\,a\,b\,c} \times \sqrt{a^2\,b^3\,c} = \sqrt{6\,a^5\,b^{10}\,c^6}.$$

extrayant la racine carrée des facteurs a^5, b^{10}, c^6, l'expression se réduira à cette autre plus simple $a^2\,b^5\,c^3\,\sqrt{6\,a}$.

2ᵉ Cas. — *Lorsque les radicaux n'ont pas le même indice, on est obligé de le leur donner d'après les règles énoncées précédemment, puis après on opère comme dans le premier cas.*

1ᵉʳ EXEMPLE

$$\sqrt[4]{3\,a^3\,b^5\,c} \times \sqrt[3]{2\,a^2\,b}.$$

pour que ces radicaux aient le même indice, élevons le 1ᵉʳ à la 3ᵉ puissance, en multipliant son indice et les exposants des facteurs placés en dessous par 3, et élevant le coefficient au cube, nous aurons :

$$\sqrt[12]{27\,a^9.\,b^{15}.\,c^3}$$

Elevons le second à la 4ᵉ puissance,

$$\sqrt[12]{16\,a^8\,b^4}.$$

nous retombons dans le premier cas, puisque les radicaux ont le même indice.

Donc, appliquant la règle, nous aurons :

$$\sqrt[12]{27\,a^9\,b^{15}\,c^3} \times \sqrt[12]{16\,a^8\,b^4} = \sqrt[12]{27.16\,a^{17}\,b^{19}\,c^3}$$

2ᵉ EXEMPLE

$$\sqrt[3]{a} \times \sqrt{b}. \quad \text{donne} \quad \sqrt[6]{a^2} \times \sqrt[6]{b^3} = \sqrt[6]{a^2 b^3}$$

DIVISION DES RADICAUX

Dans cette opération, il y a aussi deux cas à considérer.

1ᵉʳ CAS. — *Pour diviser deux radicaux, lors-qu'ils ont le même indice, on divise les quantités qui sont placées sous ces radicaux, et l'on n'écrit le radical qu'une seule fois.*

Exemple :

$$\sqrt[4]{6\,a\,4\,b^3} \quad \text{à diviser par} \quad \sqrt[4]{3\,a^3 b}$$

donne $\sqrt[4]{\dfrac{6\,a^4 b^3}{3\,a^3 b}}$ ou en simplifiant, égale $\sqrt[4]{2\,a b^2}$

2ᵉ CAS. — *Lorsque les radicaux sont de diffé-rents indices, on les réduit au même indice et l'on opère comme précédemment.*

1ᵉʳ EXEMPLE

Soit à diviser $\sqrt[3]{a}$ par $\sqrt{b}$.

Elevons le premier radical au carré, et le second au cube, le résultat donnera $\sqrt[6]{a^2}$ et $\sqrt[6]{b^3}$, donc l'opération tombant dans le premier cas, on aura :

$$\sqrt[6]{a^2} : \sqrt[6]{b^3} = \sqrt[6]{\frac{a^2}{b^3}}.$$

2e EXEMPLE

Soit à diviser

$$\sqrt[4]{2\,a^3\,b^2} \quad \text{par} \quad \sqrt[3]{3\,a^4\,b}$$

le radical ayant le même indice, en suivant les règles précédentes, sera :

$$\sqrt[12]{8\,a^9\,b^6} \quad \text{et} \quad \sqrt[12]{81\,a^{16}\,b^4}$$

donc on a de suite :

$$\sqrt[12]{8\,a^9\,b^6} : \sqrt[12]{81\,a^{16}\,b^4} = \sqrt[12]{\frac{8\,a^9\,b^6}{81\,a^{16}\,b^4}},$$

en supprimant les facteurs communs aux termes de cette fraction, on a :

$$\sqrt[12]{\frac{8\,b^2}{81\,a^7}}.$$

ÉLÉVATION D'UN RADICAL A LA PUISSANCE M^{ième}.

On peut élever un radical à la puissance m^{ième} de deux manières :

1° On élève la quantité placée sous le radical à la puissance m.

Exemple : Soit à élever le radical $\sqrt{ab}$ à la quatrième puissance.

On aura :

$$(\sqrt{ab})^4 = \sqrt{a^4 b^4}$$

en simplifiant égale $a^2 b^2$, de sorte que :

$$\left(\sqrt{a}\right)^m = \sqrt{a^m}$$

2° On divise, lorsque cela est possible, l'indice du radical par m.

Exemple : Soit à élever le radical $\sqrt[8]{ab}$ au carré on aura :

$$(\sqrt[8]{ab})^2 = \sqrt[\frac{8}{2}]{ab} = \sqrt[4]{ab}$$

de sorte que :

$$(\sqrt[n]{a^3 b^4})^m = \sqrt[\frac{n}{m}]{a^3 b^4}$$

et

$$\left(\sqrt[mn]{a^3 b}\right)^m = \sqrt[n]{a^3 b}.$$

EXTRACTION DE LA RACINE $M^{ième}$ D'UN RADICAL

On peut extraire la racine $m^{ième}$ d'un radical de deux manières :

1° *On multiplie l'indice du radical par m.*
Exemple :

$$\sqrt[4]{\sqrt{a\,b}} = \sqrt[8]{a\,b}$$

d'après cette règle.
De même :

$$\sqrt[m]{\sqrt{a}} = \sqrt[2m]{a}$$

$$\sqrt[m]{\sqrt[n]{a^2\,b}} = \sqrt[mn]{a^2\,b}.$$

2° *On extrait la racine $m^{\text{ième}}$ de la quantité placée sous le radical, lorsque cela est possible.*
Ainsi :

$$\sqrt{\sqrt[5]{16\,a^4\,b^2}},$$

en extrayant la racine carrée de $16\,a^4\,b^2$, on a :

$$\sqrt{\sqrt[5]{16\,a^4\,b^2}} = \sqrt[5]{4\,a^2\,b}$$

pour la même raison :

$$\sqrt[3]{\sqrt[4]{27\,a^6\,b^6}} = \sqrt[4]{3\,a^2\,b^3}$$

et :

$$\sqrt[m]{\sqrt[n]{a^m\,b^m}} = \sqrt[mn]{a^m\,b^m} = \sqrt[n]{a\,b}$$

cela est basé sur ce principe : on peut diviser

l'indice d'un radical et les exposants des quantités placées au-dessous par un même nombre; sans changer la valeur de ce radical.

On peut mettre plusieurs radicaux superposés, la règle à suivre est toujours la même :

$$1^{er}\ \text{EXEMPLE :}$$

$$\sqrt{\sqrt{\sqrt{a}}} = \sqrt[8]{a}$$

$$2^{e}\ \text{EXEMPLE :}$$

$$\sqrt[2]{\sqrt[3]{\sqrt[4]{\sqrt[5]{\sqrt[3]{a}}}}} = \sqrt[2 \cdot 3 \cdot 4 \cdot 5 \cdot 3]{a} = \sqrt[360]{a}$$

ou encore :

$$\sqrt[4]{b} = \sqrt{\sqrt{b}}$$

$$\sqrt[6]{ab} = \sqrt[3]{\sqrt[2]{ab}} = \sqrt[2]{\sqrt[3]{ab}}.$$

On peut intervertir l'ordre des radicaux; cela est basé que dans la multiplication, le produit ne change pas, en intervertissant l'ordre des facteurs.

Donc, nous pouvons écrire :

$$\sqrt[3]{\sqrt[5]{a}} = \sqrt[5]{\sqrt[3]{a}} = \sqrt[30]{a}$$

De ce qui précède, nous concluons que :

La racine 4me d'une quantité s'obtient en extrayant la racine carrée de la racine carrée de cette quantité.

La racine 6me d'une quantité s'obtient en extrayant la racine cubique de la racine carrée de cette quantité, ou en extrayant la racine carrée de la racine cubique.

La racine 8me s'obtient en extrayant trois fois la racine carrée.

EXPOSANTS FRACTIONNAIRES

La règle des exposants énoncée à la multiplication des deux monômes, s'applique aussi aux exposants négatifs et fractionnaires.

$$a^m \times a^n = a^{m+n}$$

d'après la règle de la multiplication de deux monômes.

D'après cette même règle, on aura aussi :

$$a^{-m} \times a^n = a^{-m+n}$$
$$a^{-m} \times a^{-n} = a^{-m-n}$$
$$a^{\frac{p}{q}} \times a^{\frac{m}{n}} = a^{\frac{p}{q}+\frac{m}{n}}$$
$$a^{-\frac{p}{q}} \times a^{-\frac{m}{n}} = a^{-\frac{p}{q}-\frac{m}{n}}.$$

D'après la règle des exposants donnée à la division de deux monômes, on aura les résultats suivants :

$$a^m : a_n = a^{m-n}$$
$$a^{-m} : a_n = a^{-m-n}$$
$$a^m : a^{-n} = a^{m+n}$$
$$a^{-m} : a^{-n} = a^{-m+n}$$
$$a^{\frac{p}{q}} : a^{\frac{m}{n}} = a^{\frac{p}{q} - \frac{m}{n}}$$
$$a^{-\frac{p}{q}} : a^{\frac{m}{n}} = a^{-\frac{p}{q} - \frac{m}{n}}$$
$$a^{-\frac{p}{q}} : a^{-\frac{m}{n}} = a^{-\frac{p}{q} + \frac{m}{n}}.$$

Pour élever une quantité ayant un exposant fractionnaire à la $m^{\text{ième}}$ puissance, *on multiplie l'exposant fractionnaire par m.*

Exemple :

$$\left(a^{\frac{p}{q}} \right)^m = a^{\frac{p.m}{q}}$$

Pour extraire la racine $m^{\text{ième}}$ d'une quantité ayant un exposant fractionnaire, *on multiplie le dénominateur de cet exposant par m.*

Exemple :

$$\sqrt[m]{a^{\frac{p}{q}}} = a^{\frac{p}{q.m}}.$$

PROBLÈMES ET ÉQUATIONS

Un problème est une question dans laquelle étant données une ou plusieurs quantités et les relations qui existent entr'elles, et d'autres quantités, on se propose de déterminer ces dernières.

Les relations constituant l'énoncé du problème se nomment *conditions du problème.*

Les conditions d'un problème sont *explicites* ou *implicites.* Dans le premier cas, les conditions font partie de l'énoncé du problème.

Dans le second cas, les conditions ne sont que les conséquences de l'énoncé.

L'expression : *Mettre un problème en équation,* provient de ce que la résolution d'un problème consiste à comprendre les conditions de l'énoncé et de la manière de les exprimer par une égalité que l'on appelle *Équation.*

La résolution des équations consiste à déterminer toutes les quantités inconnues qu'elles renferment.

Pour mettre un problème en équation, *on représente les inconnues par des lettres, lesquelles sont généralement les dernières de l'alphabet, on suppose le problème résolu et l'on agit de la même manière que si l'on en voulait faire la vérification.*

De sorte qu'en suivant cette marche, chacune des conditions du problème donne lieu par une même quantité à deux expressions différentes et égales, ce qui constitue une équation.

Appliquons ce qui précède à un exemple.

Deux personnes ont entr'elles une différence d'âge de 12 ans ; la première a le double de l'âge de la seconde, plus 3 ans.

Quel est l'âge de chacune d'elle.

Mettons le problème en équation. Nous représentons par x l'âge de la première personne et par y celui de la seconde.

La première condition du problème est implicite et se déduit de l'énoncé ; car la différence des âges étant 12 ans, cette différence existe toujours après un temps quelconque.

La première équation se traduit ainsi :

$$x - y = 12$$

La seconde condition est explicite et donne évidemment lieu à l'équation suivante :

$$x = 2y + 3$$

Procédons actuellement à la résolution des deux équations.

$$x - y = 12 \quad (1)$$
$$x = 2y + 3 \quad (2)$$

Substituons la valeur de x dans la (1) équation :

$$2y + 3 - y = 12$$

en simplifiant :

$$y + 3 = 12$$

retranchons 3 aux deux membres de l'égalité :

$$y + 3 - 3 = 12 - 3 \quad \text{ou} \quad y = 9$$

Substituant la valeur trouvée de y dans la (2) équation :

$$x = (2 \times 9) + 3 = 21$$

La première personne a 21 ans.
La seconde personne à 9 ans.
En effet, vérifions cette solution.
La différence des âges est 12, remplaçons donc dans les équations (1) (2) les inconnues x, y par leurs égaux 21 et 9.

$$21 - 9 = 12$$
$$21 = (2 \cdot 9) + 3$$

ce qui est exact.

En algèbre, il y a trois espèces de problèmes :
1° *Les problèmes déterminés ;*
2° *Les problèmes indéterminés ;*
3° *Les problèmes impossibles.*

1° Un problème est *déterminé* lorsqu'il y a une solution, ou un nombre fini de solutions, tel est le problème précédent.

2° Un problème est *indéterminé* lorsqu'il y a une infinité de solutions.

Exemple :

Une personne a 12 ans de plus qu'une autre. Dans combien de temps cette personne aura-t-elle encore 12 ans de plus que cette autre.

Cette condition a toujours lieu, quel que soit l'âge des deux personnes, donc il y a une infinité de solutions, ce problème est par conséquent indéterminé.

3° Un problème est *impossible* lorsqu'il n'a aucune solution.

Exemple :

Une personne a 12 ans de plus qu'une autre. Dans combien de temps la seconde aura-t-elle 12 ans de plus que la première.

Il est visible que cette condition ne peut jamais avoir lieu, et par suite le problème est impossible.

NOTIONS SUR LES ÉQUATIONS

On appelle *équation* la comparaison de deux quantités, ou encore l'expression de l'égalité de deux quantités.

Dans une équation, il y a deux membres que l'on appelle *membres de l'équation*. Le premier se compose de l'ensemble des termes précédant le signe de l'égalité.

Le second se compose de l'ensemble des termes qui suivent le signe de l'égalité.

Dans l'équation :

$$2x + 3 = 3x - 1$$

$2x + 3$ est le premier membre, et $3x - 1$ est le second membre de l'équation.

Une équation peut renfermer une ou plusieurs inconnues.

Une équation est dite *numérique* lorsque les quantités connues sont des nombres.

Exemple :

$$2x + 3 = 3x - 1$$

Une équation est dite *littérale* lorsque les inconnues sont des lettres.

Exemple :

$$ax + bx + c = dx + ex$$

Résoudre une équation à une ou plusieurs inconnues, c'est trouver un ou plusieurs nombres, lesquels étant mis à la place des inconnues dans l'équation, en rendent les deux membres égaux.

Exemple :

$$x + y = 20$$
$$2x - y = -2$$

Ces deux équations sont résolues par $x = 6$ et $y = 14$.

Car en substituant les valeurs 6 et 14 aux inconnues dans les deux équations, on a :

$$6 + 14 = 20$$
$$(2 . 6) - 14 = -2$$

ce qui conduit à des identités.

De même qu'il y a trois espèces de problèmes, il y a aussi trois espèces d'équations :

1° *L'équation proprement dite ;*

2° *L'identité ou équation identique ;*

3° *L'équation impossible.*

1° *L'équation proprement dite* n'a qu'une valeur ou un certain nombre fini de valeurs qui puissent convenir à l'inconnue.

Ainsi :

$$2x + 3 = 3x - 1$$

est une équation dans laquelle l'inconnue n'a que le nombre 4 pour valeur.

L'équation $x^2 - 2x = 8$, cette équation ne peut être satisfaite que par $x = 4$ et $x = -2$.

2° *L'équation identique* est celle qui existe, quelle que soit la valeur que l'on donne à l'inconnue.

Ainsi :

$$3x + 4 = 3x + 4$$

est toujours vraie, quelle que soit la valeur que l'on donne à x.

Il y a des identités qui ne sont pas si visibles,

mais en effectuant les opérations elles se rendent manifestes.

Ainsi :

$$x^2 - 9 + 4\,x^2 = (2\,x)^2 + (x + 3) \,.\, (x - 3)$$

est une équation identique.

Car en effectuant les calculs indiqués au second membre, on a :

$$x^2 - 9 + 4\,x^2 = 4\,x^2 + x^2 - 9\,;$$

ce qui peut encore s'écrire :

$$x^2 - 9 + 4\,x^2 - x^2 - 9 + 4\,x^2$$

3° *L'équation est impossible* lorsque aucune valeur de l'inconnue ne peut la satisfaire.

Ainsi :

$$3x - 5 = 3x + 5$$

est une équation impossible, car quelle que soit la valeur que l'on donne à x, les deux membres de cette équation ne peuvent jamais devenir égaux.

Le degré d'une équation à une inconnue est le plus haut exposant de l'inconnue dans cette équation.

Le degré d'une équation à plusieurs inconnues est la somme la plus forte des exposants des inconnues de l'un de ses termes.

Ainsi :

$$2\,x^8 y^3 - y^{10}$$

est une équation du onzième degré.

DE LA TRANSFORMATION DES ÉQUATIONS

Transformer une equation, c'est la ramener à une forme plus simple pour en faciliter la résolution.

Lorsque l'on veut faire passer un terme d'un membre dans l'autre, on supprime ce terme dans le membre où il se trouve et on l'écrit dans l'autre avec le signe contraire.

$$2x + 3 = 3x - 1.$$

Nous faisons passer le terme 3 du premier membre dans l'autre, et nous écrirons :

$$2x = 3x - 1 - 3.$$

En effet, en supprimant le nombre 3 dans le premier membre, nous avons diminué la valeur de ce premier membre de 3 unités, or, comme il y avait égalité, afin qu'elle existe encore il faut naturellement diminuer le second membre de 3 unités, ce qui se fait en écrivant.

$$2x = 3x - 1 - 3.$$

On peut changer les membres d'une équation sans en altérer la valeur.

Ainsi :

$$2x + 3 = 3x - 1$$

peut s'écrire aussi :

$$3x - 1 = 2x + 3.$$

On peut changer tous les signes des termes d'une équation sans en altérer la valeur.

Ainsi :

$$2x + 3 = 3x - 1$$

devient :

$$-2x - 3 = -3x + 1$$

Car en transposant chaque terme d'un membre dans l'autre de l'équation, on change les membres de place et tous les signes se trouvent changés sans que l'égalité ne cesse d'exister. La valeur d'une équation n'étant pas altérée lorsque l'on change ses membres de place.

Pour faire disparaître les dénominateurs d'une équation, on réduit tous ses termes au même dénominateur et l'on supprime le dénominateur commun.

Exemple :

$$\frac{2x}{3} + \frac{x}{4} = 4 + \frac{x}{4}.$$

Le dénominateur commun est 12.

$$\frac{8x}{12} + \frac{3x}{12} = \frac{48}{12} + \frac{3x}{12}$$

supprimant ce dénominateur commun 12 on aura :

$$8x + 3x = 48 + 3x$$

Cela est basé sur ce que l'on peut multiplier les deux membres d'une égalité par un même nombre, sans qu'elle cesse d'exister.

ÉQUATION DU 1er DEGRÉ A UNE SEULE INCONNUE

Dans une équation, l'inconnue peut être unie aux quantités connues.

1° *Par voie d'addition;*

2° *Par soustraction;*

3° *Par multiplication;*

4° *Par division.*

1ᵉ Lorsque l'inconnue est unie par voie d'addition, *on retranche la quantité connue aux deux membres de l'équation, alors l'inconnue reste seule.*

Exemple :

$$x + 8 = 15$$

retranchons 8 aux deux membres,

$$x + 8 - 8 = 15 - 8 \quad \text{ou de suite} \quad x = 7$$

2° Lorsque l'inconnue est unie par voie de soustraction, *on ajoute la quantité connue aux deux membres de l'équation, alors l'inconnue se trouve dégagée,* $x - 8 = 7$.

Ajoutons 8 aux deux membres de cette équation, on aura :

$$x - 8 + 8 = 7 + 8 \quad \text{ou} \quad x = 15.$$

3° Lorsque l'inconnue est unie par voie de multiplication, *on divise les deux membres de l'équation par le coefficient de l'inconnue.*

$$8x = 48$$

Divisons les deux membres de l'équation par 8, on aura :

$$\frac{8x}{8} = \frac{48}{8} \quad \text{ou} \quad x = 6.$$

4° Lorsque l'inconnue est unie par voie de division, *on multiplie les deux membres de l'é-quation par le nombre avec lequel l'inconnue est unie :*

$$\frac{x}{4} = 16.$$

Multiplions les deux membres de cette équation par 4, on aura :

$$\frac{x}{4} \cdot 4 = 16 \cdot 4 \quad \text{ou} \quad x = 64$$

Donc, d'après ce qui vient d'être dit, on remarque que *l'inconnue étant unie à des quantités connues dans une équation, par la voie d'une opération quelconque, on la dégage en faisant l'opération contraire.*

Si l'inconnue était unie par plusieurs opérations, on la dégagerait en faisant successivement les opérations contraires.

Exemple :

$$-10 - \frac{4\,x}{5} + 7 = -7.$$

On voit que l'inconnue est unie aux quantités connues, 10, 4, 5 et 7 par la voie des quatre opérations énoncées précédemment.

1° Ajoutons 10 aux deux membres de l'équation ;

$$-\frac{4\,x}{5} + 7 = 3$$

2° Retranchons 7 aux deux membres ;

$$-\frac{4}{5}\,x = -4$$

changeons les signes

$$\frac{4\,x}{5} = 4.$$

3° Multiplions les deux membres par 5 ;

$$4\,x = 20.$$

4° Divisons les deux membres par 4.

$$x = 5.$$

RÉSOLUTION DES ÉQUATIONS DU 1er DEGRÉ
A UNE SEULE INCONNUE

Pour résoudre une équation du 1er degré à une seule inconnue, on fait les transformations suivantes :

1° On fait disparaître les dénominateurs;

2° On fait passer dans un même membre les quantités inconnues, et dans l'autre les quantités connues;

3° On opère la réduction des termes semblables.

Lorsque l'équation est littérale, on met l'inconnue en facteur commun.

4° On divise les deux membres de l'équation par le coefficient de l'inconnue.

Pour vérifier l'équation, en lui substituant la valeur de l'inconnue, on retrouve une identité.

Soit à résoudre l'équation :

$$5 + \frac{2x}{3} - x = x - 3.$$

Faisons disparaître le dénominateur 3, on aura .

$$15 + 2x - 3x = 3x - 9.$$

Faisons passer les quantités inconnues dans le premier membre et les quantités connues dans le second :

$$2x - 3x - 3x = -9 - 15.$$

Faisons la réduction des termes semblables :

$$-4x = -24.$$

Changeons les signes :

$$4x = 24.$$

Divisons les deux membres par 4 :

$$x = \frac{24}{4} = 6.$$

Pour vérifier, substituons la valeur de x dans l'équation, elle devient :

$$5 + \frac{2 \cdot 6}{3} - 6 = 6 - 3.$$

Après avoir effectué les opérations indiquées, on trouve $3 = 3$.

On retombe alors dans une identité, ce qui prouve que la valeur $x = 6$ est exacte.

Soit à résoudre l'équation littérale :

$$ax + \frac{bx}{d} = c - \frac{x}{e}.$$

Faisons disparaître les dénominateurs :

$$axde + bxe = cde - xd$$

Faisons passer les quantités connues dans le second membre et les inconnues dans le premier, on aura :

$$adex + bxe + xd = cde.$$

Mettons x en facteur commun :

$$x(ade + be + d) = cde.$$

Divisons les deux membres de cette dernière équation par :

$$x = \frac{(ade + be + d)}{\dfrac{cde}{ade + be + d}}.$$

Vérifions l'équation en lui substituant la valeur de x.

$$a\left(\frac{cde}{ade + be + d}\right) + \frac{b}{d}\cdot\left(\frac{c \cdot de}{ade + be + d}\right) = c - \frac{\dfrac{edc}{ade + eb + d}}{e}$$

Effectuons les calculs entre parenthèse.

$$\frac{acde}{ade + be + d} + \frac{bcde}{d(ade + be + d)} = c - \frac{edc}{e(ade + eb + d)}$$

Supprimons le facteur d commun aux deux termes de la fraction.

$$\frac{bedc}{d(ade + eb + d)}$$

on aura :

$$\frac{acdc}{ade + eb + d} + \frac{bec}{ade + eb + d} = c - \frac{edc}{e(ade + eb + d}$$

Supprimons le facteur e commun aux deux termes de la fraction.

$$\dfrac{aedc}{ade+eb+d}+\dfrac{\dfrac{edc}{e\,(ade+eb+d)}}{\dfrac{bec}{ade+eb+d}}=c-\dfrac{dc}{ade+eb+d}$$

Faisons disparaître les dénominateurs.

$$aedc+b.e.c=aedc+ebc+dc-dc$$

Observons que $+dc$ et $-dc$ s'annulent, on a :

$$aedc+bec=aedc+bec$$

ce qui est une identité.

Donc, la valeur trouvée de x est exacte.

Désormais, nous nous dispenserons de faire la vérification des équations, cette seconde opération demandant beaucoup de temps.

RÉSOLUTION DES ÉQUATIONS DU 1er DEGRÉ A DEUX INCONNUES.

Pour résoudre deux équations du premier degré à deux inconnues, on emploie quatre méthodes, savoir :

1° *La méthode d'élimination par comparaison ;*
2° *La méthode d'élimination par substitution ;*
3° *La méthode d'élimination par addition ;*
4° *La méthode d'élimination par soustraction.*

Dans la pratique, on voit à la seule inspection des équations celle des quatre méthodes qui paraît être la plus avantageuse.

1er *Pour résoudre deux équations du premier degré à deux inconnues par la méthode d'élimination par comparaison, on prend la valeur de la même inconnue dans les deux équations, et l'on égale ces deux valeurs, ce qui donne une équation du premier degré à une inconnue qu'il est facile de résoudre. Ayant la valeur de cette inconnue, on la substitue dans l'une des deux expressions qui la représente, afin de trouver la valeur de l'autre inconnue.*

Appuyons cette règle par un exemple.

$$4x - 2y = 14 \qquad (1)$$
$$5x + y = 28 \qquad (2)$$

La valeur de x dans chacune de ces équations est :

$$x = \frac{14 + 2y}{4}$$
$$x = \frac{28 - y}{5}$$

Deux quantités égales à une troisième sont égales entr'elles, donc :

$$\frac{14 + 2y}{4} = \frac{28 - y}{5}.$$

Faisons disparaître les dénominateurs :

$$70 + 10y = 112 - 4y$$

Faisons passer — $4y$ dans le premier membre et 70 dans le second.

$$10y + 4y = 112 - 70 \quad \text{ou} \quad 14y = 42$$

Divisons par 14 les deux membres de cette égalité :

$$y = \frac{42}{14} = 3.$$

Substituons la valeur de y dans l'expression

$$x = \frac{14 + 2y}{4}$$

$$x = \frac{14 + (2 \cdot 3)}{4} = \frac{14 + 6}{4} = \frac{20}{4} = 5.$$

Les valeurs des inconnues sont :

$$x = 5$$
$$y = 3$$

Soit à trouver la valeur des inconnues dans l'exemple littéral suivant :

$$ax + by = c \qquad (1)$$
$$x - y = d \qquad (2)$$

De ces deux équations, on tire pour valeurs de x :

$$x = \frac{c - by}{a}$$
$$x = d + y$$

Deux quantités égales à une troisième sont égales entr'elles, donc :

$$\frac{c-by}{a}=d+y$$

Faisons disparaître le dénominateur a.

$$c-by=ad+ay$$

Faisons passer $-by$ dans le second membre et ad dans le premier.

$$c-ad=ay+by.$$

Mettons y en facteur commun.

$$c-ad=y(a+b)$$

Divisons les deux membres par $a+b$,

$$\frac{c-ad}{a+b}=y$$

Substituons la valeur de y dans l'expression

$$x=d+y$$
$$x=d+\frac{c-ad}{a+b}$$

La valeur de x peut se simplifier, pour cela réduisons le second membre au même dénominateur.

$$x=\frac{ad+db+c-ad}{a+b}=\frac{db+c}{a+b}$$

Les valeurs des inconnues sont :

$$x = \frac{db + c}{a + b}$$

$$y = \frac{c - ad}{a + b}.$$

2ᵉ *Pour résoudre deux équations du premier degré à deux inconnues, par la méthode d'élimination par substitution ; on prend la valeur d'une inconnue dans l'une des équations, puis l'on substitue cette valeur dans l'autre équation, ce qui conduit à avoir une équation du premier degré à une inconnue, une fois cette inconnue déterminée par la méthode ordinaire, on substitue sa valeur dans l'expression qui la renferme, afin d'en déduire la valeur de l'autre inconnue.*

Exemple :

$$4x - 2y = 14 \qquad (1)$$
$$5x + y = 28 \qquad (2)$$

De l'équation (1) on tire pour valeur de x.

$$x = \frac{14 + 2y}{4}$$

Substituant cette valeur dans l'équation (2) elle se transforme en celle-ci :

$$5\left(\frac{14 + 2y}{4}\right) + y = 28$$

6

Effectuant les calculs entre parenthèse.

$$\frac{70 + 10\,y}{4} + y = 28.$$

Faisons disparaitre le dénominateur 4.

$$70 + 10\,y + 4\,y = 112$$

Faisons passer 70 dans le second membre et opérons les réductions indiquées.

$$14\,y = 112 - 70 = 42$$

Divisons les deux membres par 14.

$$y = \frac{42}{14} = 3.$$

Remplaçons y par sa valeur dans l'équation.

$$x = \frac{14 + 2\,y}{4}$$

$$x = \frac{14 + (2 \cdot 3)}{4} = \frac{14 + 6}{4} = \frac{20}{4} = 5.$$

Les valeurs des inconnues sont donc :

$$x = 5$$
$$y = 3.$$

Appliquons la même méthode aux équations littérales suivantes :

$$ax + by = c \qquad (1)$$
$$x - y = d \qquad (2)$$

De l'équation (1) on tire la valeur de x.

$$x = \frac{c - by}{a}$$

Substituant cette valeur dans l'équation (2).

$$\frac{c - by}{a} - y = d$$

Faisons disparaître les dénominateurs.

$$c - by - ay = ad$$

Faisons passer la quantité connue c dans le second membre, et changeons tous les signes de l'équation.

$$by + ay = c - ad$$

Mettons y en facteur commun.

$$y(b + a) = c - ad$$

Divisons par $a + b$.

$$y = \frac{c - ad}{b + a}$$

Substituons cette valeur dans l'expression de la valeur de x.

$$x = \frac{c - by}{a}$$

$$x = \frac{c - b\,\dfrac{(c - ad)}{b + a}}{a}$$

Simplifiant cette valeur de x, on trouverait :

$$x = \frac{d\,b + c}{a + b}$$

Les valeurs des inconnues sont :

$$x = \frac{d\,b + c}{a + b}$$

$$y = \frac{c - a\,d}{a + b}$$

3° Pour résoudre deux équations du premier degré à deux inconnues par élimination par addition, on multiplie chaque terme de la première équation par le coefficient de l'inconnue que l'on veut éliminer dans la seconde.

Et chaque terme de la seconde équation par le coefficient de la même inconnue dans la première, ce qui fait que l'inconnue à éliminer a le même coefficient.

Si cette inconnue se trouve avoir des signes contraires dans les deux nouvelles équations trouvées, on les additionne, ce qui conduit à n'avoir qu'une équation à une inconnue que l'on dégage ensuite en divisant ses deux termes par le coefficient de cette inconnue.

Si cette inconnue avait le même signe dans les deux équations trouvées, on serait obligé de changer tous les signes de l'une d'elle afin de pouvoir employer cette méthode.

4° Pour résoudre deux équations du premier degré à deux inconnues par élimination par soustraction, après avoir suivi la première partie de la règle précédente, c'est-à-dire une fois arrivé à avoir deux nouvelles équations dont l'inconnue à éliminer a le même coefficient, on change tous les signes de l'équation à soustraire et l'on additionne ensuite les deux équations, on obtient une seule équation n'ayant qu'une seule inconnue. Pour que cette méthode soit possible, il faut que les équations nouvellement trouvées renferment l'inconnue à éliminer ayant le même signe ; si cela n'avait pas lieu, on changerait les signes de la première équation, avant d'opérer la soustraction sur l'autre.

1er EXEMPLE :

Méthode par addition.

$$4x + 3y = 34 \qquad (1)$$
$$2x - 5y = 4 \qquad (2)$$

Multiplions tous les termes de l'équation (1) par 2, et ceux de l'équation (2) par 4.

$$8x + 6y = 68 \qquad (3)$$
$$8x - 20y = 16 \qquad (4)$$

Soit à éliminer x.
Changeons les signes de l'équation (4).

$$-8x + 20y = -16.$$

Additionnons cette dernière avec l'équation (3).

$$26y = 52$$

d'où :

$$y = \frac{52}{26} = 2.$$

Substituons cette valeur dans l'équation (1).

$$4x + (3.2) = 34 \qquad \text{ou} \qquad 4x = 34 - 6 = 28.$$

Divisons par 4.

$$x = \frac{28}{4} = 7.$$

Les valeurs des inconnues sont :

$$x = 7$$
$$y = 2$$

Si on avait éliminé y au lieu de x, on aurait évité une opération de plus, celle de changer les signes de l'équation (4), vu que les deux équations (3) (4) renferment l'inconnue y ayant des signes contraires.

2° EXEMPLE :

$$ax + by = c \qquad (1)$$
$$dx - ey = f \qquad (2)$$

Multiplions chaque terme de l'équation (1) par e, et ceux de l'équation (2) par b.

$$aex + bey = ce \qquad (3)$$
$$dbx - cby = bf \qquad (4)$$

Soit à éliminer y dans ces équations, pour cela additionnons-les.

$$a e x + d b x = c e + b f$$

Mettons x en facteur commun.

$$x (a e + d b) = c e + b f$$

Tirons de là la valeur de x.

$$x = \frac{c e + b f}{a e + d b}$$

Dans l'équation (1) substituons cette valeur de x.

$$a \left(\frac{c e + b f}{a e + d b} \right) + b y = c$$

Réduisons au même dénominateur.

$$a c e + a b f + a e b y + d b^2 y = a e c + d b c$$

Faisons passer $a c e + a b f$ dans le second membre.

$$a c b y + d b^2 y = a e c + d b c - a c e - a b f$$

Mettons y en facteur commun dans le premier membre, et b dans le second; $+ a c e$ et $- a c e$ se détruisent.

$$y (a e b + d b^2) = b (d c - a f)$$

d'où :

$$y = \frac{b\,(dc - af)}{a\,c\,b + d\,b^2}.$$

Divisons les deux termes de cette fraction par b.

$$y = \frac{dc - af}{a\,c + d\,b}.$$

Les valeurs des inconnues sont :

$$x = \frac{ce + bf}{ae + db}, \quad \text{et} \quad y = \frac{dc - af}{ae + db}.$$

Méthode par soustraction.

$$4x + 3y = 34 \qquad (1)$$
$$2x - 5y = 4 \qquad (2)$$

Soit à éliminer l'inconnue x.

Multiplions les termes de l'équation (1) par 2, et ceux de l'équation (2) par 4.

$$8x + 6y = 68 \qquad (3)$$
$$8x - 20y = 16 \qquad (4)$$

Soustrayons l'équation (4) de l'équation (3).

$$8x + 6y - 8x + 20y = 68 - 16$$
$$26y = 52$$

d'où :

$$y = 2$$

En opérant la soustraction, cela revient à changer les signes de l'équation (4), et à additionner ainsi cette équation avec l'équation 3.

Substituant la valeur de y dans l'équation (1).

d'où :
$$4x + (3 \cdot 2) = 34$$

$$x = \frac{34 - 6}{4} = \frac{28}{4} = 7$$

Les valeurs de l'inconnue sont :

$$x = 7$$
$$y = 2$$

On opérerait de la même manière pour l'équation littérale.

On pourrait aussi trouver la valeur de la seconde inconnue, en pratiquant à son égard le même genre d'élimination, généralement on ne pratique pas cette seconde opération à cause de sa longueur.

RÉSOLUTION DES ÉQUATIONS DU PREMIER DEGRÉ A TROIS INCONNUES.

Pour résoudre trois équations du premier degré à trois inconnues, on élimine une même inconnue entre l'une des équations et les deux autres, ce qui conduit à obtenir deux équations du premier degré à deux inconnues que l'on résout par l'une des méthodes énoncées précédemment.

Une fois les valeurs de deux inconnues trouvées, on les substitue dans l'une des équations, ce qui permet d'avoir la valeur de la troisième.

Exemple :

$$2x + 3y + 4z = 34 \qquad (1)$$
$$4x - 2y - 3z = 3 \qquad (2)$$
$$3x - y - 2z = 5 \qquad (3)$$

Éliminons y entre les équations (1) et (2); pour cela, multiplions l'équation (1) par 2 et l'équation (2) par 3.

$$4x + 6y + 8z = 68 \qquad (4)$$
$$12x - 6y - 9z = 9 \qquad (5)$$

Additionnons ces deux dernières.

$$16x - z = 77 \qquad (6)$$

Éliminons y entre les équations (1) et (3), pour cela multiplions l'équation (3) par 3.

$$9x - 3y - 6z = 15 \qquad (7)$$

Additionnons (1) et (7).

$$11x - 2z = 49 \qquad (8)$$

Nous n'avons plus que deux équations à deux inconnues.

$$16x - z = 77 \qquad (6)$$
$$11x - 2z = 49 \qquad (8)$$

Eliminons z dans ces deux équations.

Multiplions la (6) par 2 :

$$32x - 2z = 154$$

Soustrayons l'équation (8) de cette dernière.

$$32x - 2z - 11x + 2z = 154 - 49$$

Simplifiant.

$$21x = 105$$

d'où :

$$x = \frac{105}{21} = 5.$$

Remplaçons x par sa valeur dans l'équation (6).

$$16.5 - z = 77$$

De là, on tire pour valeur de z.

$$-z = 77 - 80 = -3$$

En changeant les signes :

$$z = 3$$

Remplaçons x et z par leurs valeurs dans l'équation (1).

$$2.5 + 3y + 4.3 = 34$$

Pour valeur de y on a :

$$3y = 34 - 22 = 12$$

d'où :

$$y = \frac{12}{3} = 4.$$

Les valeurs des inconnues sont donc :

$$x = 5; \qquad y = 4 \qquad \text{et} \qquad z = 3.$$

Soit à résoudre les équations littérales suivantes à trois inconnues :

$$ax + by + cz = d \qquad (1)$$
$$bx - ay = e \qquad (2)$$
$$cy - az = f \qquad (3)$$

Éliminons x dans les équations (1) (2). Multiplions la (1) par b et la (2) par a.

$$abx + b^2 y + bcz = bd \qquad (4)$$
$$abx - a^2 y = ae \qquad (5)$$

Soustrayons la (5) de la (4).

$$abx + b^2 y + bcz - abx + a^2 y = bd - ae \qquad (6)$$

Mettons y en facteur commun dans cette équation.

$$(b^2 + a^2)y + bcz = bd - ae \qquad (7)$$

Or, nous avons aussi par l'équation (3).

$$cy - az = f.$$

Éliminons z dans ces deux dernières.
Multiplions la (7) par a et la (3) par bc.

$$a(b^2 + a^2)y + abcz = abd - a^2 e \qquad (8)$$

$$bc^2 y - bcaz = bcf \qquad (9)$$

Additionnons (8) et (9).

$$a(b^2+a^2)y+bc^2y=abd-a^2e+bcf$$

Mettons y en facteur commun.

$$y(ab^2+a^3+bc^2)=abd-a^2e+bcf$$

d'où :

$$y=\frac{abd-a^2e+bcf}{ab^2+a^3+bc^2}\,.$$

Comme les calculs nous conduiraient trop loin, nous ne déterminerons pas les valeurs de x et de z; la marche à suivre pour résoudre ces équations est toujours la même, quelles que soient les complications que l'on rencontre à chaque instant sur son passage.

RÉSOLUTION DES ÉQUATIONS DU PREMIER DEGRÉ A QUATRE INCONNUES.

La résolution des équations du premier degré à quatre inconnues ne diffère en rien de la règle énoncée, lorsqu'il n'y a que trois inconnues, seulement l'opération demande un peu plus de temps et est plus longue. Nous allons appuyer par un exemple ce qui vient d'être dit :

$$2x + 4y + z + 3t = 25 \qquad (1)$$
$$x - y + 3z - 2t = 5 \qquad (2)$$
$$4y + z - t = 13 \qquad (3)$$
$$2z + 3x + 2y = 22 \qquad (4)$$

Eliminons v dans les équations (1) (2).
Multiplions la (2) par 4.

$$4x - 4y + 12z - 8t = 20$$

Additionnons cette dernière avec l'équation (1).

$$6x + 13z - 5t = 45 \qquad (5)$$

Eliminons y dans les équations (2) (3).
Multiplions la (2) par 4.

$$4x - 4y + 12z - 8t = 20$$

Additionnons cette dernière avec l'équation (3).

$$4x + 13z - 9t = 33 \qquad (6)$$

Eliminons y dans les équations (3) (4).
Multiplions la (4) par 2.

$$4z + 6x + 4y = 44$$

Soustrayons la (3) de cette dernière.

$$4z + 6x + 4y - 4y - z + t = 44 - 13$$

ou :

$$3z + 6x + t = 31 \qquad (7)$$

Nous n'avons plus qu'un système de trois équations à trois inconnues.

$$6x + 13z - 5t = 45 \qquad (5)$$
$$4x + 13z - 9t = 33 \qquad (6)$$
$$6x + 3z + t = 31 \qquad (7)$$

Eliminons z dans les équations (5) (6), ou soustrayons la (6) de la (5).

$$2x + 4t = 12$$

Divisons tous les termes de cette dernière par 2.

$$x + 2t = 6 \qquad (8)$$

Eliminons z dans les (6) (7).
Multiplions la (6) par 3 et la (7) par 13, on aura :

$$12x + 39z - 27t = 99 \qquad (9)$$
$$78x + 39z + 13t = 403 \qquad (10)$$

Retranchons la (9) de la (10).

$$66x + 40t = 304$$

En divisant les termes par 2.

$$33x + 20t = 152 \qquad (11)$$

Nous avons un système de deux équations à deux inconnues.

$$x + 2t = 6 \qquad (8)$$
$$33x + 20t = 152 \qquad (11)$$

Multiplions la (8) par 10.

$$10x + 20t = 60$$

Afin d'éliminer t; retranchons cette dernière de la (11).

$$23x = 92$$

d'où :

$$x = \frac{92}{23} = 4$$

Substituons la valeur de x dans la (8).

$$t = \frac{6 - x}{2} = \frac{6 - 4}{2} = 1$$

Substituons les valeurs de x et t dans l'équation (7).

$$z = \frac{31 - t - 6x}{3} = \frac{31 - 1 - 24}{3} = \frac{6}{3} = 2$$

Substituons les valeurs de x, t et z dans l'équation (1).

$$y = \frac{25 - 2x - z - 3t}{4} = \frac{25 - 8 - 2 - 3}{4} = 3.$$

Les valeurs des inconnues sont donc :

$$x = 4; \quad y = 3; \quad z = 2; \quad t = 1.$$

RÉSOLUTION DES ÉQUATIONS DU PREMIER DEGRÉ A N INCONNUES.

Règle générale, *pour résoudre un système de n équations du premier degré à n inconnues, on élimine successivement une même inconnue entre une équation quelconque et les n — 1 autres, ce qui donne n — 1 équations à n — 1 inconnues.*

On élimine une deuxième inconnue entre l'une de ces équations et les n — 2 autres, et l'on obtient n — 2 équations à n — 2 inconnues.

On élimine encore une nouvelle inconnue entre l'une de ces dernières équations et les n — 3 autres, on a alors n — 3 équations à n — 3 inconnues.

On répète la même opération jusqu'à ce que l'on soit arrivé à une équation ne renfermant qu'une inconnue.

Ayant la valeur de cette dernière, on la substitue dans l'une des équations n'ayant que deux inconnues, on obtient alors la valeur de la deuxième inconnue substituant les valeurs des deux inconnues déterminées dans l'une des équations ayant trois inconnues, on en tire la valeur de la troisième et ainsi de suite jusqu'à ce que les n inconnues soient déterminées.

7

Exemple :

$$x + y + z + t + v = 10 \qquad (1)$$
$$2x - 2y + t = 1 \qquad (2)$$
$$x + y + 3z + 2t + 3v = 25 \qquad (3)$$
$$2y - 2t + v = o \qquad (4)$$
$$z + 2t + 3v = 20 \qquad (5)$$

Eliminons t entre l'équation (1) et chacune des quatre autres, on obtiendra successivement en employant la méthode d'élimination par voie d'addition et de soustraction.

$$-x + 3y + z + v = 9 \qquad (6)$$
$$-x + y + z + v = 5 \qquad (7)$$
$$2x + 4y + 2z + 3v = 20 \qquad (8)$$
$$2x + 2y + z - v = 0 \qquad (9)$$

On obtient ainsi un système de quatre équations à quatre inconnues.

Eliminons x entre l'équation (6) et chacune des trois autres par la méthode d'élimination par voie d'addition et de soustraction, on obtiendra successivement :

$$4y = 4 \quad \text{ou} \quad y = 1 \qquad (10)$$
$$10y + 4z + 5v = 38 \qquad (11)$$
$$8y + 3z + v = 18 \qquad (12)$$

On obtient un système de trois équations à trois inconnues.

Substituant la valeur de y qui se trouve connue

naturellement dans les équations (11) (12), elles se transforment en celles-ci.

$$4\,z + 5\,v = 28 \qquad (13)$$
$$3\,z + v = 10 \qquad (14)$$

Nous n'avons plus que deux équations à deux inconnues.

Eliminons v par voie de soustraction dans ces deux dernières équations.

$$4\,z + 5\,v = 28$$
$$15\,z + 5\,v = 50$$

d'où :

$$11\,z = 22 \quad \text{et} \quad z = 2$$

Substituons la valeur de z dans l'équation (14).

$$v = 10 - 3\,z = 10 - 6 = 4$$

Substituons les valeurs de $y \cdot z \cdot v$ dans l'équation (9).

$$x = \frac{v - 2y - z}{2} = \frac{4 - 2 - 2}{2} = 0.$$

Substituons les valeurs de $y \cdot z \cdot v \cdot x$ dans l'équation (1).

$$t = 10 - x - y - v - z = 10 - 0 - 1 - 4 - 2 = 3.$$

Les valeurs des cinq inconnues sont donc :

$$x = 0 ; \; y = 1 ; \; z = 2 ; \; t = 3 ; \; v = 4.$$

Il se présente assez souvent des équations dans lesquelles cette manière d'opérer devient longue, alors on voit à l'inspection de ces équations, si elles peuvent se simplifier, et par la suite on voit la marche à suivre pour diminuer, autant que cela est possible, le nombre d'opérations.

Exemple :

$$
\begin{aligned}
x + 2y + z + t + u + v &= 26 \quad (1) \\
2y + z + t &= 17 \quad (2) \\
3x - 3u &= 12 \quad (3) \\
2z + 2y + 3u + 3v &= 27 \quad (4) \\
2t - 3u - 3v &= 33 \quad (5) \\
3y - 2z - t &= 4 \quad (6)
\end{aligned}
$$

Additionnons les équations (4) (5).

$$2z + 2y + 2t = 24$$

ou en divisant par 2 tous les termes :

$$z + y + t = 12 \quad (7)$$

Posons de nouveau les équations (6) (2).

$$
\begin{aligned}
3y - 2z - t &= 4 \quad (6) \\
2y + z + t &= 17 \quad (2)
\end{aligned}
$$

Soustrayons l'équation (7) de l'équation (2).

$$y = 5.$$

Additionnons les équations (6) et (2).

$$5y - z = 21.$$

Substituons la valeur de y dans cette dernière, on en tire :

$$z = 4.$$

Dans l'équation (7), substituons les valeurs de y et de z, on en tire :

$$t = 3.$$

Additionnons les équations (3) (5) en changeant tous les signes de l'équation 5.

$$3x - 2t + 3v = 15.$$

Substituant la valeur de t dans cette dernière.

$$3x + 3v = 21 \qquad (8)$$

Substituant l'équation (2) à l'équation (1).

$$x + u + v = 9 \qquad (9)$$

Multiplions tous les termes par 3.

$$3x + 8u + 3v = 27.$$

Substituons l'équation (8) à cette dernière.

$$3u = 6$$

d'où :

$$u = 2.$$

L'équation (3) nous donne :

$$3x - 3u = 12$$

d'où :

$$x = 6.$$

L'équation (9) nous donne :

$$v = 9 - 6 - 2 = 1.$$

Les valeurs des inconnues sont donc :

$$x = 6$$
$$y = 5$$
$$z = 4$$
$$t = 3$$
$$u = 2$$
$$v = 1$$

ÉQUATION DU SECOND DEGRÉ A UNE INCONNUE.

Une équation du second degré est celle dans laquelle l'inconnue entre à la seconde puissance.

Il y a deux sortes d'équations du second degré :

1° *Les équations incomplètes*;

2° *Les équations complètes.*

1° *Les équations incomplètes ne renferment que l'inconnue à la seconde puissance et des termes connus.*

Exemple :

$$\frac{5\,x^2}{3} = 2\,x^2 - 12.$$

2° *Les équations complètes renferment l'inconnue à la seconde et à la première puissance et des termes connus.*

1er EXEMPLE :

$$\frac{4 + x^2}{x} = x + 2.$$

2ᵉ EXEMPLE :

$$a\,x^2 + b\,x + q = c.$$

On appelle *racine d'une équation d'un degré quelconque*, une expression qui étant substituée à l'inconnue, vérifie l'équation.

RÉSOLUTION DES ÉQUATIONS INCOMPLÈTES DU SECOND DEGRÉ.

Pour résoudre une équation incomplète du second degré, on suit la même régle que celle qui est énoncée pour la résolution des équations du premier degré à une ou à plusieurs inconnues, puis on extrait la racine carrée des deux membres de l'équation en employant le double signe + ou —, afin d'avoir la valeur de l'inconnue.

Exemple :

Soit à résoudre l'équation incomplète du second degré :

$$\frac{5\,x^2}{3} = 2\,x^2 - 12$$

Faisons disparaître le dénominateur 3.

$$5\,x^2 = 6\,x^2 - 36$$

Faisons passer les quantités inconnues dans le premier membre.

$$5\,x^2 - 6\,x^2 = -36 \quad \text{ou} \quad -x^2 = -36$$

Changeons les signes :

$$x^2 = 36$$

Extrayons la racine carrée aux deux membres en employant le double signe $+$ ou $-$

$$x = \pm\sqrt{36} = \pm 6.$$

Les deux valeurs de l'inconnue $+ 6$ et $- 6$, vérifient l'équation, l'une $+ 6$ est positive et réelle, et l'autre $- 6$ est négative et imaginaire.

RÉSOLUTION DES ÉQUATIONS COMPLÈTES DU SECOND DEGRÉ A UNE INCONNUE.

Considérons l'équation complète du second degré :

$$a x^2 + b x + c = 0$$

Divisons tous les termes par le coefficient de l'inconnue à la seconde puissance.

$$x^2 + \frac{b}{a} x + \frac{c}{a} = 0$$

Afin de simplifier cette dernière équation, faisons :

$$\frac{b}{a} = p \qquad \text{et} \qquad \frac{c}{a} = q$$

En substituant ces valeurs :

$$x^2 + px + q = o \,(1).$$

(Dans ce qui va suivre, nous supposerons toujours l'équation $ax^2 + bx + q = o$ ramenée à cette forme plus simple $x^2 + px + q = 0$).

Or, nous remarquerons que $x^2 + px$ forment les deux premiers termes du carré du binôme.

$$x + \frac{p}{2}$$

car :

$$\left(\overline{x + \frac{p}{2}}\right)^2 = x^2 + px + \frac{p^2}{4}.$$

Si q était égal à $\frac{p^2}{4}$, l'équation se transformerait en cette autre :

$$\left(\overline{x + \frac{p}{2}}\right)^2 = o$$

Dans laquelle la valeur de x serait :

$$x = -\frac{p}{2}$$

Or, q n'est généralement pas égal à $\frac{p^2}{4}$.

Faisons donc passer la quantité q dans le second membre de l'équation (1).

Nous aurons :

$$x^2 + px = -q$$

Ajoutons $\dfrac{p^2}{4}$ aux deux membres, le premier sera le carré du binôme

$$x + \frac{p}{2}$$

Alors :

$$x^2 + px + \frac{p^2}{4} = -q + \frac{p^2}{4}$$

peut encore s'écrire :

$$\left(x + \frac{p}{2}\right)^2 = \frac{p^2}{4} - q.$$

Le premier membre étant carré parfait, le second l'est aussi ; extrayons donc la racine carrée aux deux membres, nous aurons :

$$x + \frac{p}{2} = \pm \sqrt{\frac{p^2}{4} - q}$$

Nous employons le double signe $+$ ou $-$ parce que le carré de :

$$+ \text{ ou} - \sqrt{\frac{p^2}{4} - q}$$

donne toujours pour résultat :

$$\frac{p^2}{4} - q$$

résultat déjà connu.

De cette dernière, nous tirons pour valeur de l'inconnue :

$$x = -\frac{p}{2} \overset{+}{-} \sqrt{\frac{p^2}{4} - q}$$

Nous aurons bien rendu le second membre, carré parfait, en y ajoutant $\frac{x^2}{4}$ ou le carré de la moitié du coefficient de l'inconnue à la première puissance.

$$\left(\overline{\frac{p}{2}}\right)^2 = \frac{p^2}{4}$$

Cette manière d'opérer nous conduit à la règle suivante :

Pour résoudre une équation complète du second degré.

On divise tous les termes de l'équation par le coefficient de l'inconnue à la seconde puissance.

On rend les deux membres carrés parfaits en prenant la moitié du coefficient de l'inconnue à la première puissance, et en leur ajoutant le carré de cette moitié; ceci fait, on effectue les opérations indiquées dans le second membre, puis on extrait la racine carrée aux deux membres de l'équation, en la faisant précéder du double signe + ou —, on dégage le premier membre du terme connu qu'il contenait en le faisant passer dans le second.

Appliquons cette règle à la résolution de l'équation du second degré suivante :

$$3x^2 + 4x = 39$$

Divisons chaque terme de l'équation par 3.

$$x^2 + \frac{4}{3}\, x = \frac{39}{3}$$

Rendons les deux membres carrés parfaits.

$$x^2 + \frac{4}{3}\, x + \frac{4}{9} = \frac{39}{3} + \frac{4}{9}$$

Ce qui peut s'écrire encore :

$$\left(x + \frac{2}{3}\right)^2 = \frac{39}{3} + \left(\frac{2}{3}\right)^2$$

Effectuons les calculs du second nombre.

$$\left(x + \frac{2}{3}\right)^2 = \frac{39}{3} + \frac{4}{9} = \frac{121}{9}$$

Extrayons la racine carrée aux deux membres.

$$x + \frac{2}{3} = \pm \sqrt{\frac{121}{9}} = \pm \frac{11}{3}$$

Faisons passer $+ \frac{2}{3}$ dans le second membre.

$$x = -\frac{2}{3} \pm \frac{11}{3}$$

Dans le premier cas, on a :

$$x = \frac{9}{3} = 3$$

Dans le second cas :

$$x = -\frac{13}{3}.$$

Les valeurs de l'inconnue sont :

$$x = 3 \qquad \text{et} \qquad x = -\frac{13}{3}$$

Dans toute équation du second degré, il y a deux valeurs à l'inconnue, lesquelles satisfont à l'équation.

Exemple :

$$x^2 + x = 12$$

Rendons les deux membres carrés parfaits.

$$x^2 + x + \frac{1}{4} = 12 + \frac{1}{4}$$

ou :

$$\left(x + \frac{1}{2}\right)^2 = 12 + \left(\frac{1}{2}\right)^2$$

Effectuons les calculs du deuxième membre.

$$\left(x + \frac{1}{2}\right)^2 = \frac{49}{4}$$

Extrayons la racine carrée.

$$x + \frac{1}{2} = \pm\sqrt{\frac{49}{4}} = \pm\frac{7}{2}$$

Faisons passer $+ \dfrac{1}{2}$ dans le second membre.

$$x = -\dfrac{1}{2} \pm \dfrac{7}{2}$$

Dans le premier cas :

$$x = \dfrac{6}{2} = 3$$

Dans le second cas :

$$x = -\dfrac{8}{2} = -4.$$

Les deux valeurs de l'inconnue 3 et — 4 vérifient l'équation.

NOTA. — A l'avenir, dans la résolution de ces équations, nous nous dispenserons d'écrire le développement du carré du premier membre, nous nous bornerons simplement à l'indication de ce carré.

Ainsi, dans cette dernière équation, au lieu d'écrire $x^2 + x + \dfrac{1}{4}$, nous passerons de suite à cette forme plus simple :

$\left(x + \dfrac{1}{2}\right)^2$ afin d'abréger les calculs, en restreignant autant que possible le nombre d'opérations.

OBSERVATIONS RELATIVES A CES ÉQUATIONS.

La formule nous donnant la valeur de l'inconnue x, que nous venons de trouver, nous aurait donné immédiatement la valeur de x dans les deux équations numériques que nous venons de résoudre.

En effet, la première de ces équations se présentant sous la forme :

$$ax^2 + bx - c = 0$$

dans laquelle

$$a = 3; \quad b = 4 \quad \text{et} \quad c = 39.$$

Cette équation ramenée à cette forme :

$$x^2 + px + q = 0$$

dans laquelle

$$p = \frac{4}{3} \quad \text{et} \quad q = \frac{39}{3}$$

donne pour valeurs de l'inconnue :

$$1° = x = -\frac{p}{2} + \sqrt{\frac{p^2}{4} + q} = -\frac{2}{3} + \sqrt{\frac{4}{9} + \frac{117}{9}} = 3;$$

$$2° = x = -\frac{p}{2} - \sqrt{\frac{p^2}{4} + q} = -\frac{2}{3} - \sqrt{\frac{4}{9} + \frac{117}{9}} = -\frac{13}{3}$$

De là, nous en déduirons encore cette règle :

Pour résoudre une équation du second degré, après avoir ramené cette équation à la forme.

$$x^2 + px + q = o$$

On écrit la moitié du coefficient de l'inconnue à la première puissance, pris en signe contraire, suivie de plus ou moins la racine carrée du nombre obtenu, en retranchant du carré de cette moitié du coefficient, le terme connu tel qu'il se présente dans le premier membre, de cette manière on a de suite les racines de l'équation.

Appliquons cette règle à la seconde équation numérique déjà résolue.

$$x^2 + x = 12.$$

$$x = -\frac{1}{2} \pm \sqrt{\frac{1}{4} + \frac{48}{4}} = -\frac{1}{2} \pm \frac{7}{2}.$$

1re valeur de la racine.

$$x = \frac{6}{2} = 3$$

2e valeur de la racine.

$$x = -\frac{8}{2} = -4$$

Valeurs déjà trouvées précédemment par la méthode ordinaire.

Dans la pratique, comme on a toujours recours aux moyens les plus simples et les plus courts, on emploie de préférence cette seconde méthode;

elle a l'avantage sur la première, de donner de suite les valeurs des racines de l'équation, sans avoir recours aux opérations qui doivent conduire à ce résultat.

***

REMARQUES SUR LES RACINES DE L'ÉQUATION DU SECOND DEGRÉ.

Lorsque l'équation du second degré est ramenée à la forme.

$$x^2 + px + q = 0$$

Ses deux racines sont réelles et égales quand $\frac{p^2}{4} = q$, alors chacune d'elles égale $-\frac{p}{2}$.

Ses racines sont réelles et inégales quand on a $\frac{p^2}{4} - q$ positif.

Enfin, les racines de cette équation sont imaginaires quand $\frac{p^2}{4} < q$, ou est négatif.

Dans l'équation :

$$x^2 + px + q = 0, \text{ etc.}$$

Les deux valeurs de l'inconnue sont, en les appelant x' et x'' :

$$x' = -\frac{p}{2} + \sqrt{\frac{p^2}{4} - q} \qquad (1)$$

$$x'' = -\frac{p}{2} - \sqrt{\frac{p^2}{4} - q} \qquad (2)$$

Nous remarquerons donc :

1° La somme des racines d'une équation du second degré, ramenée à sa forme $x^2 + px + q = 0$ est égale à $-p$ ou au coefficient de la première puissance de x, changé de signe ;

2° La différence entre les racines est égale au double du radical ;

3° Le produit des deux racines est égal à q, ou à la quantité connue telle qu'elle se présente dans le premier membre.

Si dans l'équation $x^2 + px + q = 0$ on remplace p et q par leurs égaux

$$\frac{b}{a} \qquad \text{et} \qquad \frac{c}{a}$$

on aura :

$$x^2 + \frac{b}{a}\,x + \frac{c}{a} = 0 .$$

En faisant les substitutions dans la valeur des racines $x' - x''$, elles deviennent :

$$x' = -\frac{b}{2a} + \sqrt{\frac{b^2}{4a^2} - \frac{c}{a}} = \frac{-b + \sqrt{b^2 - 4ac}}{2a}$$

$$x'' = -\frac{b}{2a} - \sqrt{\frac{b^2}{4a^2} - \frac{c}{a}} = \frac{-b - \sqrt{b^2 - 4ac}}{2a}$$

Donc, si on a :

$$b^2 = 4\,ac$$

les racines sont réelles et égales.

$$b^2 - 4\,ac$$

positif, les racines sont réelles et inégales.

$$b^2 - 4\,ac$$

négatif, les racines sont imaginaires.

RÉSOLUTION DE L'ÉQUATION $a\,x^2 + b\,x + c = 0$, QUAND a EST TRÈS-PETIT. (MÉTHODE DES APPROXIMATIONS SUCCESSIVES.)

Lorsque dans l'équation $a\,x^2 + b\,x + c = o$, le cofficient a est très-petit, l'une des racines de l'équation a une très-grande valeur absolue et l'autre a une valeur finie, d'autant plus rapprochée de $-\dfrac{c}{b}$ que a est plus petit.

Pour résoudre ces sortes d'équations on fait passer dans le second membre les termes $a\,x^2 + c$, et l'on divise tous les termes de l'équation par b, d'où on obtient pour valeur de l'inconnue :

$$x = -\frac{c}{b} - \frac{a\,x^2}{b} \qquad (1)$$

Or, a étant très-petit et x ayant une valeur finie, le terme $\dfrac{a\,x^2}{b}$ a une valeur petite relativement à celle de x, on peut donc supprimer ce terme et l'on a pour première valeur approchée de l'inconnue :

$$x = -\frac{c}{b}$$

Dans l'équation (1), substituons à x^2 sa valeur

$$x^2 = \left(-\frac{c}{b}\right)^2$$

Nous aurons pour deuxième valeur approchée de l'inconnue :

$$x = -\frac{c}{b} - \frac{a}{b}\left(-\frac{c}{b}\right)^2$$

ou :

$$x = -\frac{c}{b} - \frac{a\,c^2}{b^3}$$

Or, en remplaçant x par cette dernière valeur, dans le second membre de l'équation (1), on aurait la 3ᵉ valeur approchée de l'inconnue et ainsi de suite.

En pratique, on se contente ordinairement de la 2ᵉ valeur approchée.

Soit à résoudre l'équation numérique :

$$0{,}002\,x^2 + 3\,x - 9{,}018 = 0$$

Faisons passer dans le second membre les deux termes :

$$0,002\,x^2 - 9,018$$

nous aurons :

$$3\,x = 9,018 - 0,002\,x^2$$

Divisons tous les termes par 3.

$$x = \frac{9,018}{3} - \frac{0,002\,x^2}{3} \qquad (1)$$

Supprimons le second terme

$$\frac{0,002\,x^2}{3}$$

il vient pour première valeur approchée de l'inconnue :

$$x = \frac{9,018}{3} = 3,006$$

Substituons cette valeur dans le second membre de l'équation (1).

$$x = \frac{9,018}{3} - \frac{0,002}{3} \times 3,006^2 = 3,000024024.$$

Nous nous arrêterons à cette deuxième valeur approchée de x ; pour avoir la seconde racine de l'équation, nous nous reposerons sur ce principe. La somme des racines de l'équation du second degré est égale au coefficient de l'inconnue à la première puissance, changé de signe.

En appelant x' cette seconde racine, on a :

$$x + x' = -\frac{3}{0,002}$$

d'où :

$$x' = -\frac{3}{0,002} - x$$

Remplaçons x par sa valeur 3.

$$x' = -\frac{3}{0,002} - 3 = -1503$$

Les valeurs des racines de l'équation sont donc :

$$x = 3$$
$$x' = -1503.$$

On pourrait aussi résoudre ce cas de l'équation du second degré par la méthode ordinaire énoncée précédemment.

RÉSOLUTION DES ÉQUATIONS DU SECOND DEGRÉ A DEUX INCONNUES.

Pour résoudre un système de deux équations du second degré à deux inconnues, on suit les mêmes règles que celles qui sont indiquées pour la résolution des équations du premier degré à deux inconnues ; une fois que l'inconnue a été dégagée, on extrait la racine carrée aux deux membres de l'égalité.

Exemple :

Soit à résoudre le système des deux équations du second degré :

$$2\,x^2 + 3\,y^2 = 30 \qquad (1)$$
$$x^2 - y^2 = 5 \qquad (2)$$

Nous éliminons y^2 par voie d'addition dans les deux équations ; pour cela, multiplions tous les termes de la seconde par 3.

$$3\,x^2 - 3\,y^2 = 15$$

Additionnons l'équation (1) avec cette dernière.

$$5\,x^2 = 45$$

Divisant les deux membres de l'égalité par 5.

$$x^2 = \frac{45}{5} = 9$$

Extrayant la racine carrée.

$$x = \sqrt{9} = 3$$

Dans l'équation (2) on tire :

$$y^2 = x^2 - 5$$

et en substituant la valeur de x :

$$y^2 = 9 - 5 = 4$$

d'où :

$$y = \sqrt{4} = 2.$$

Les valeurs des inconnues sont donc :

$$x = 3$$
$$y = 2$$

On peut résoudre ces équations pour les quatre méthodes d'élimination; on prend de préférence celle qui est la plus courte.

Il arrive souvent que l'une des équations renferme les inconnues à la première puissance, alors il n'y a aucune règle générale pour la résolution de ces équations; tantôt on élève l'équation dont les inconnues sont à la première puissance au carré, et l'on opère les simplifications qui se présentent; tantôt, à la seule inspection des équations, on voit tout de suite si elles se simplifient et se transforment en d'autres plus simples.

Nous allons donner un exemple sur chacun de ces deux cas, afin d'éclaircir ce qui précède; mais il est bon de remarquer que l'on retombe souvent dans une équation du second degré à une inconnue.

1er Cas. — On élève l'équation renfermant les inconnues à la première puissance au carré et l'on combine cette nouvelle équation avec celle qui renferme les inconnues à la seconde puissance.

$$x^2 + y^2 = 13 \qquad (1)$$
$$x - y = 1 \qquad (2)$$

Élevons l'équation (2) au carré.

$$x^2 - 2xy + y^2 = 1 \quad (3)$$

Substituons l'équation (1) à cette dernière.

$$13 - 2xy = 1$$

Ou en simplifiant.

$$2xy = 12$$

Ajoutons cette dernière avec l'équation (1).

$$x^2 + y^2 + 2xy = 13 + 12$$

Or, le 1er membre renferme le carré de $x + y$, on peut donc écrire :

$$\overline{(x+y)}^2 = 25$$

D'où, en extrayant la racine carrée aux deux membres, on a :

$$x + y = 5 \qquad (4)$$

Additionnons les équations (2) (4).

$$2x = 6$$

ou :

$$x = \frac{6}{2} = 3$$

Substituant cette valeur dans l'équation (4), on en tire la valeur de $y = 2$.

2e Cas. — On remarque si les équations proposées se simplifient et l'on opère les transformations qui se présentent.

$$x^2 - y^2 = 21 \qquad (1)$$
$$x + y = 7 \qquad (2)$$

L'équation (1) est la différence des carrés de
deux nombres x y. Cette différence est égale au
produit de la somme par la différence de ces
deux nombres.

Donc, on peut encore écrire cette équation sous
cette autre forme :

$$(x+y)(x-y) = 21 \quad (3)$$

Divisons l'équation (3) par l'équation (2).

$$\frac{(x+y)(x-y)}{x+y} = \frac{21}{7} = 3$$

En faisant les simplifications on obtient :

$$x - y = 3$$

D'une autre part, l'équation (2) nous donne :

$$x + y = 7$$

Additionnons ces deux dernières équations.

$$2x = 10$$

d'où on en déduit :

$$x = \frac{10}{2} = 5$$

Substituons cette valeur à l'équation (2), on en tire pour valeur de la seconde inconnue :

$$y = 7 - 5 = 2.$$

3ᵉ CAS. — Renfermant les deux cas précédents et donnant lieu à une équation du second degré à une inconnue.

$$x^2 + 2xy - y^2 = 41 \qquad (1)$$
$$x + y = 7 \qquad (2)$$

Nous remarquerons que l'équation (1) renferme l'expression $x^2 - y^2$, qui peut encore s'écrire :

$$(x + y)(x - y)$$

Cette équation peut donc se mettre sous cette autre forme :

$$(x + y)(x - y) + 2xy = 41$$

Ou en faisant passer $2xy$ dans le second membre.

$$(x + y)(x - y) = 41 - 2xy$$

Divisons cette dernière par l'équation (2).

$$\frac{(x + y)(x - y)}{x + y} = \frac{41 - 2xy}{7}$$

Le premier membre devient, après simplification faite :

$$x - y = \frac{41 - 2xy}{7}$$

Faisons disparaître les dénominateurs.

$$7\,x - 7\,y = 41 - 2\,xy$$

Faisons passer les inconnues dans le premier membre.

$$7\,x - 7\,y + 2\,xy = 41$$

De l'équation (2), nous trouvons pour valeur de x :

$$x = 7 - y$$

Substituant cette valeur dans la dernière.

$$7\,(7 - y) - 7\,y + 2\,y\,(7 - y) = 41$$

Effectuons tous les calculs.

$$49 - 7\,y - 7\,y + 14\,y - 2\,y^2 = 41$$

Opérons les réductions.

$$- 2\,y^2 = - 8$$

Changeant les signes et divisant par 2.

$$y^2 = 4$$

Extrayant la racine carrée.

$$y = 2$$

Et pour valeur de l'autre inconnue, on en déduit :

$$x = 7 - y = 7 - 2 = 5.$$

Il se présente souvent des cas dans lesquels la

résolution par les procédés ordinaires devient pénible, quelquefois même impossible; alors on a recours à ce moyen qui consiste à faire l'inconnue égale à une autre, et par différentes transformations que nous allons faire connaître, on opère sur cette inconnue de la même manière que si elle était la véritable après en avoir trouvé la valeur, on déduit celle de l'inconnue réelle dont elle dépendait.

Exemple :

$$\sqrt{x} + \sqrt{y} = 5 \qquad (1)$$
$$x\,y = 36 \qquad (2)$$

Posons :

$$\sqrt{x} = a$$
$$\sqrt{y} = b$$

De ces deux égalités, nous en déduirons, après les avoir élevées au carré :

$$x = a^2$$
$$y = b^2$$

Substituant ces valeurs dans les équations proposées, elles se transforment en :

$$a + b = 5 \qquad (3)$$

et

$$a^2 b^2 = 36 \qquad (4)$$

Extrayons la racine carrée aux deux membres de cette dernière.

$$a\,b = 6 \qquad (5)$$

De là (3), on déduit :

$$a = 5 - b$$

Substituant cette valeur dans l'équation (5), elle prend cette forme :

$$(5 - b)\, b = 6$$

ou :

$$5\, b - b^2 = 6$$

Et en changeant les signes.

$$b^2 - 5\, b = -6.$$

Équation complète du second degré à une inconnue.

Rendons les deux membres carrés parfaits.

$$\left(b - \frac{5}{2}\right)^2 = -6 + \left(\frac{5}{2}\right)^2$$

Effectuant les calculs du second membre.

$$\left(b - \frac{5}{2}\right)^2 = -6 + \frac{25}{4} = \frac{1}{4}$$

Extrayons la racine carrée aux deux membres.

$$b - \frac{5}{2} = \pm \sqrt{\frac{1}{4}} = \pm \frac{1}{2}$$

d'où :

$$b = \frac{5}{2} \pm \frac{1}{2} = 3 \text{ ou } 2$$

Pour valeurs de a, nous déduirons :

$$a = 2 \text{ ou } 3.$$

Donnant : 1° Les valeurs de $a = 2$ et $b = 3$, nous trouvons pour celles de x et y :

$$x = 4$$
$$y = 9$$

2° Donnant les valeurs de $a = 3$ et $b = 2$, celles de x et y sont :

$$x = 9$$
$$y = 4$$

Cette manière d'opérer, en égalant l'inconnue à une autre, s'emploie dans les équations bicarrées que nous étudierons plus loin et dans les équations dont le degré est supérieur au second.

RÉSOLUTION DES ÉQUATIONS DU SECOND DEGRÉ A TROIS INCONNUES.

Il n'y a pas de règle générale pour résoudre un système de trois équations du second degré à trois inconnues. La raison en est celle-ci :

Les équations se présentent sous une forme ou sous une autre ; c'est en les examinant que l'on peut voir la méthode la plus favorable qu'il convient d'employer. Quelle que soit cette méthode, elle retombe toujours dans une de celles que nous avons étudiées.

1er EXEMPLE :

Soit à résoudre le système des trois équations suivantes :

$$x^2 + y^2 + z^2 = 56 \qquad (1)$$
$$x^2 - y^2 = 20 \qquad (2)$$
$$y^2 - z^2 = 12 \qquad (3)$$

Additionnons les équations (2) (3).

$$x^2 - z^2 = 32 \qquad (4)$$

Changeons les signes de l'équation (3).

$$-y^2 + z^2 = -12$$

Additionnons cette dernière avec l'équation (1).

$$x^2 + 2z^2 = 44 \qquad (5)$$

Multiplions l'équation (4) par 2.

$$2x^2 - 2z^2 = 64$$

Additionnons cette dernière et l'équation (5).

$$3x^2 = 108$$

De cette équation, on trouve pour valeur de l'inconnue :

$$x = 6$$

De l'équation (5) nous tirons :

$$z = 2$$

De l'équation (3), la valeur de l'inconnue est :

$$y = 4$$

2ᵉ EXEMPLE :

Soit à résoudre le système des trois équations suivantes :

$$x^2 - y^2 = 20 \qquad (1)$$
$$y^2 - z^2 = 12 \qquad (2)$$
$$x z = 12 \qquad (3)$$

Additionnons les équations (1) (2).

$$x^2 - z^2 = 32 \qquad (4)$$

De l'équation (3) on déduit :

$$x = \frac{12}{z}$$

En élevant au carré :

$$x^2 = \frac{144}{z^2}$$

Substituant cette valeur dans l'équation (4).

$$\frac{144}{z^2} - z^2 = 32$$

Faisons disparaître le dénominateur z^2.

$$144 - z^4 = 32\, z^2$$

Faisons passer $- z^4$ dans le second membre, on peut indifféremment écrire :

$$32\, z^2 + z^4 = 144 \qquad (5)$$

9

Équation du quatrième degré que nous allons réduire au second en posant :

$$z^4 = a^2$$

on en déduit successivement :

$$z^2 = a$$

et

$$z = \sqrt{a}$$

Remplaçant z^4 et z^2 par a^2 et a dans l'équation (5).

$$32\,a + a^2 = 144$$

Rendons les deux membres carrés parfaits.

$$\overline{(a + 16)}\,^2 = 144 + (\overline{16})^2 = 400$$

Extrayons la racine carrée.

$$a + 16 = \pm \sqrt{400} = \pm 20$$

d'où :

$$a = -16 \pm 20 = 4 \qquad \text{et} \qquad -36$$
$$z = \sqrt{a} = 2$$

La racine de — 36 est impossible, car aucun nombre élevé au carré ne peut donner un résultat négatif.

On trouve pour valeur de x :

$$x = \frac{12}{z} = \frac{12}{2} = 6$$

De l'équation (2) on tire :

$$y^2 = 12 + z^2 = 12 + 4 = 16$$

d'où :

$$y = 4$$

Les valeurs des inconnues sont donc :

$$x = 6$$
$$y = 4$$
$$z = 2.$$

ÉQUATIONS DU QUATRIÈME DEGRÉ OU ÉQUATIONS BICARRÉES.

On appelle équation bicarrée toute équation dans laquelle l'inconnue est à la quatrième et à la seconde puissance.

RÉSOLUTION DES ÉQUATIONS BICARRÉES.

Pour résoudre une équation bicarrée à une inconnue, on ramène cette équation au second degré et l'on résout la nouvelle équation.

On substitue la valeur de l'inconnue que l'on vient de trouver à l'inconnue réelle dont elle dépendait, ce qui permet d'en déduire la propre valeur.

Dans toute équation bicarrée, l'inconnue est

susceptible d'avoir plusieurs valeurs, lesquelles nous déterminerons un peu plus loin.

Soit à résoudre l'équation bicarrée suivante :

$$x^4 + x^2 = 20$$

Nous écrivons :

$$x^4 = a^2$$

De là nous en déduisons :

$$x^2 = a$$
$$x = \pm \sqrt{a}$$

En substituant ces valeurs dans l'équation proposée, nous obtenons une nouvelle équation qui n'est plus que du second degré.

$$a^2 + a = 20$$

Résolvons cette équation d'après la règle énoncée précédemment et nous aurons tout de suite :

$$a = -\frac{1}{2} \pm \sqrt{\frac{81}{4}} = -\frac{1}{2} \pm \frac{9}{2} = 4$$

d'où :

$$x = \pm \sqrt{4} = 2 \quad \text{ou} \quad -2.$$

2e EXEMPLE :

$$4x^4 - 3x^2 = 52$$

Écrivons :

$$x^4 = a^2$$

Nous en déduisons :

$$x^2 = a$$
$$x = \pm \sqrt{a}$$

En substituant ces valeurs dans l'équation proposée, nous la transformons en une autre qui est du second degré.

$$4\,a^2 - 3\,a = 52$$

Résolvons cette équation.
Divisons tous les termes par 4.

$$a^2 - \frac{3}{4}\,a = \frac{52}{4}$$

Rendons les deux membres carrés parfaits.

$$\left(a - \frac{3}{8}\right)^2 = \frac{52}{4} + \left(\frac{3}{8}\right)^2$$

Effectuant les calculs du second membre et extrayant la racine carrée, on déduit pour valeur de l'inconnue :

$$a = 4$$

d'où :

$$x = \pm 2$$

L'inconnue n'a que deux valeurs ± 2 prises en signes contraires.

Nous ferons remarquer que si le degré de l'inconnue est un nombre pair et les valeurs de a positives, l'inconnue aura quatre valeurs, égales deux à deux et de signes contraires.

Si les valeurs de a sont : l'une positive et l'autre négative, l'inconnue n'aura que deux valeurs de signes contraires.

Si les valeurs de a sont négatives, l'inconnue n'aura aucune valeur.

Les équations qui se présentent sous cette forme :

$$x^{2m} + x^m = a \qquad \text{ou} \qquad x^{10} + x^5 = a$$

sont toujours susceptibles d'être ramenées au second degré.

Donc, lorsque dans une équation l'inconnue se trouve avoir un nombre pair pour puissance et un nombre égal à la moitié du premier pour autre puissance, on peut toujours ramener cette équation au second degré.

1er EXEMPLE :

Soit à résoudre l'équation du huitième degré, suivante :

$$x^8 - x^4 = 240$$

Nous posons :

$$x^8 = a^2$$

Nous en déduirons :

$$x^4 = a$$
$$x = \sqrt[4]{a}$$

En substituant ces valeurs dans l'équation proposée, elle se transforme en cette autre :

$$a^2 - a = 240$$

Cette équation du second degré résolue nous donne pour valeurs de l'inconnue :

$$a = 16 \quad \text{et} \quad a = -15$$

D'où nous en déduirons pour les valeurs de x :

$$x = \pm 2.$$

La seconde valeur de a étant négative, la racine quatrième de cette valeur est impossible.

L'inconnue x n'a donc que deux valeurs et de signes contraires :

$$+ 2 \quad \text{et} \quad - 2.$$

2e EXEMPLE :

Soit à résoudre l'équation bicarrée.

$$\frac{x^4}{2} + \frac{8}{x^2} = 32,125\, x$$

Nous appelons cette équation bicarrée parce qu'elle se ramène à la forme de ces équations, bien que n'y étant pas en réalité et d'après la définition de ces sortes d'équations.

Dans cette équation, faisons disparaître les dénominateurs.

$$x^6 + 16 = 64.25\, x^3$$

Faisons passer $64.25\, x^3$ dans le premier membre et 16 dans le second.

$$x^6 - 64.25\, x^3 = -16$$

Faisons :

$$x^6 = y^2$$

Nous en déduirons :

$$x^3 = y$$
$$x = \sqrt[3]{y}$$

L'équation ci-dessus se change donc en cette autre :

$$y^2 - 64.25\, y = -16$$

Rendons les deux membres carrés parfaits.

$$\overline{(y - 32,125)}^2 = -16 + \overline{(32,125)^2} = 1016,015625$$

Nous trouvons pour valeurs de l'inconnue :

$$y = 64$$
$$y = 0,250$$

De là les valeurs de x sont :

$$x = \sqrt[3]{64} = 4$$
$$x = \sqrt[3]{0,25.}$$

Dans cette équation, y ayant deux valeurs réelles, x a aussi deux valeurs réelles ayant le même signe que celles de y.

ÉQUATIONS BICARRÉES A DEUX INCONNUES.

Les équations bicarrées pouvant toujours se transformer en équations du second degré, la règle à suivre pour résoudre deux équations bicarrées à deux inconnues, est la même que celle qui est indiquée pour résoudre deux équations à deux inconnues du second degré.

Exemple :

Soit à résoudre le système de deux équations bicarrées à deux inconnues.

$$2\,x^6 - 3\,y^8 = 690 \qquad (1)$$
$$2\,y^4 - 3\,x^3 = -49 \qquad (2)$$

Nous posons, afin de simplifier :

$$x^6 = a^2 \qquad\qquad y^8 = b^2$$

d'où :

$$x^3 = a \qquad\qquad y^4 = b$$

et

$$x = \sqrt[3]{a} \qquad\qquad y = \sqrt{a}$$

Substituant ces nouvelles valeurs à celles des équations proposées, elles deviennent :

$$2\,a^2 - 3\,b^2 = 690 \qquad (3)$$
$$2\,b - 3\,a = -49 \qquad (4)$$

De l'équation (4) on tire :

$$b = \frac{3\,a - 49}{2}$$

Élevons au carré cette égalité.

$$b^2 = \frac{9\,a^2 - 294\,a + 2401}{4}$$

Substituant cette valeur dans l'équation (3).

$$2\,a^2 - 3\left(\frac{9\,a^2 - 294\,a + 2401}{4}\right) = 690$$

Faisons disparaître le dénominateur 4 et effectuons les calculs entre parenthèse.

$$8\,a^2 - (27\,a^2 - 882\,a + 7203) = 2760$$

Opérons la soustraction.

$$-19\,a^2 + 882\,a - 7203 = 2760$$

Faisons passer la quantité connue dans le second membre et changeons les signes.

$$19\,a^2 - 882\,a = -9963$$

Nous tombons donc sur une équation du second degré que nous allons résoudre,

Divisons tous les termes par 19.

$$a^2 - \frac{882}{19}\,a = -\frac{9963}{19}$$

Rendons les deux membres carrés parfaits.

$$\left(a - \frac{441}{19}\right)^2 = -\frac{9963}{19} + \left(\frac{441}{19}\right)^2 = \frac{5184}{19^2}$$

Extrayons la racine carrée aux deux membres.

$$a - \frac{441}{19} = \pm\sqrt{\frac{5184}{19^2}} = \pm\frac{72}{19}$$

d'où :

$$a = \frac{441}{19} \pm \frac{72}{19} = 27 \quad \text{et} \quad \frac{369}{19}$$

De là nous avons pour valeurs de x :

$$x = \pm \sqrt[3]{27} = \pm 3$$

$$x = \pm \sqrt[3]{\frac{369}{19}}$$

De l'équation (4) on tire :

$$b = \frac{3a - 49}{2} = \frac{81 - 49}{2} = 16$$

et

$$b = \frac{1107}{38} - \frac{49}{2} = \frac{1107 - 931}{2} = \frac{88}{19}$$

D'où les valeurs de y sont :

$$y = \pm \sqrt[4]{16} = \pm 2$$

$$y = \pm \sqrt[4]{\frac{88}{19}}$$

Nous ferons remamarquer que lorsque les valeurs de a sont imaginaires, x n'a aucune valeur.

On pourrait résoudre des équations bicarrées à un plus grand nombre d'inconnues; la manière d'opérer revient une fois que l'on a abaissé le degré de l'équation en le ramenant au second à suivre les règles données pour la résolution des équations du premier degré à plusieurs inconnues; la marche à suivre est identiquement la même, quant à la différence du degré; au surplus la pratique seule peut servir de guide dans la résolution d'un système de ces équations.

———

ÉQUATIONS EXPONENTIELLES.

On appelle *équation exponentielle* celle dans laquelle l'inconnue se présente sous la forme d'exposant, telle que :

$$a^x = b$$

Ces équations sont résolubles au moyen des logarithmes.

Nota. — Pour trouver les logarithmes des nombres, il faudra se reporter aux tables de logarithmes de J. de Lalande, par J. Dupuis.

RÉSOLUTION DES ÉQUATIONS EXPONENTIELLES.

Pour résoudre une équation exponentielle de la forme $a^x = b$, *on se rappelle que le logarithme d'une puissance* x *d'une quantité* a, *par exemple, est égal à* x *fois le logarithme de cette quantité.*

D'où, pour résoudre l'équation, nous prendrons les logarithmes des quantités a, b, et nous aurons :

$$x \, log. \, a = log. \, b$$

Nous en déduisons :

$$x = \frac{log.\ b}{log.\ a}$$

Appliquons cette règle à l'exemple suivant :

$$3^x = 81$$

Prenons les logarithmes des deux membres, nous aurons :

$$x\ log.\ 3 = log.\ 81$$

Divisons les deux membres par log. 3.

$$x = \frac{log.\ 81}{log.\ 3} = \frac{1,90849}{0,47712} = 4$$

D'où la valeur de l'inconnue est 4. En effet, en vérifiant l'équation on a :

$$3^4 = 81$$

Afin de rendre la résolution de ces sortes d'équations plus facile à comprendre, nous dirons quelques mots sur les logarithmes et sur leur application.

Le logarithme d'un nombre *est l'exposant de la puissance à laquelle il faut élever une quantité invariable que l'on appelle base pour reproduire ce nombre.*

Les propriétés de logarithmes sont les suivantes :

1° *Le logarithme d'un produit est égal à la somme des logarithmes de ses facteurs.*

Ainsi, $a \times b \times c = q$ devient, en prenant les logarithmes :

$$log.\ q = log.\ a + log.\ b + log.\ c$$

Donc, une multiplication se change en une addition.

2° *Le logarithme d'un quotient est égal au logarithme du dividende diminué du logarithme du diviseur.*

Ainsi, $\dfrac{a}{b} = q$ devient :

$$log.\ q = log.\ a - log.\ b.$$

Une division se change donc en une soustraction.

3° *Le logarithme d'une puissance* n *d'une quantité, est égal à* n *fois le logarithme de cette quantité.*

Ainsi, $a^n = b$ donne :

$$n\ log.\ a = log.\ b$$

Une élévation de puissance se change en une multiplication.

4° *Le logarithme de la racine* n^{me} *d'une quantité, est égal au logarithme de cette quantité divisée par* n.

$\sqrt[n]{a} = b$ donne :

$$log.\ b = \dfrac{log.\ a}{n}$$

Une extraction de racine se change en une division.

———

VARIÉTÉ DE L'ÉQUATION EXPONENTIELLE.

Soit à résoudre cet autre genre de l'équation exponentielle :

$$1^{er} \text{ EXEMPLE :}$$

$$a^{x^{y}} = b$$

$$2^{e} \text{ EXEMPLE :}$$

$$c^{x^{y}} = d$$

Nous remarquerons que $a^{x^{y}}$ peut encore s'écrire sous cette autre forme :

$$a^{x.y}$$

De même, $c^{x^{y}} = c^{x.y}$ en vertu du théorème suivant.

Toute quantité qui a plusieurs exposants superposés est égal à elle-même, ayant pour exposant le produit de tous les autres.

D'où, en prenant les logarithmes des deux membres, nous obtenons :

$$x\,y\,log\ a = log.\,b$$

d'où :

$$x\,y = \frac{log.\,b}{log.\,a} \qquad (1).$$

1er EXEMPLE :

D'une autre part, on aura :

$$x\,y\,\log.\;c = \log.\;d$$

et

$$x\,y = \frac{\log.\;d}{\log.\;c} \qquad (2)$$

2e EXEMPLE :

Pour trouver les valeurs de x et de y dans l'un de ces deux exemples, on décompose la valeur du produit en ses facteurs simples, et chacun d'eux est la valeur de x ou de y et *vice versa*.

Exemple :

$$2^{x^{y^{z}}} = 16777216$$

Cette équation peut encore s'écrire :

$$2^{x.y.z.} = 16777216$$

Prenant les logarithmes des deux membres.

$$x.y.z\,\log.\;2 = \log.\;16777216$$

En cherchant le logarithme de ce produit dans les tables, on trouve :

$$7{,}22472$$

Et pour logarithme de 2, on a :

$$0{,}30103$$

Donc :

$$x \cdot y \cdot z = \frac{7.22472}{0.30103} = 24.$$

Les facteurs simples de 24 sont :

$$2 \cdot 2 \cdot 2 \cdot 3$$

Il ne faut que trois facteurs puisqu'il n'y a que trois inconnues.

On peut donc écrire :

$$x \cdot y \cdot z = 4 \cdot 2 \cdot 3.$$

Les valeurs de chacune de ces inconnues sont les suivantes :

$x = 4$	$y = 2$	et	$z = 3$
$x = 2$	$y = 4$	»	$z = 3$
$x = 3$	$y = 2$	»	$z = 4$
$x = 2$	$y = 3$	»	$z = 4$
$x = 3$	$y = 4$	»	$z = 2$
$x = 4$	$y = 3$	»	$z = 2$

Si on avait décomposé le produit 24 suivant ces trois autres facteurs simples $2 \cdot 2 \cdot 6$. on aurait eu une nouvelle série de valeurs pour les inconnues x, y, z.

On voit donc par là que ces équations sont susceptibles d'un grand nombre de solutions pouvant toutes les vérifier.

———

RÉSOLUTION DES ÉQUATIONS DU a^{me} DEGRÉ.

Les équations se présentent sous la forme de $x^a = b$ se résolvant de la même manière que les équations exponentielles; elles n'en diffèrent seulement que par la forme. L'inconnue se présente comme facteur au lieu de se présenter sous la forme d'exposant.

Soit à résoudre l'équation suivante :

$$x^i = 16$$

Prenons les logarithmes aux deux membres de l'égalité.

$$4 \, log. \, x = log \; 16$$

Divisant par 4.

$$log. \, x = \frac{log. \, 16}{4} = \frac{1.20412}{4} = 0.30103$$

D'où x est le nombre qui correspond au logarithme 0,30103.

(Voir comment on trouve un nombre correspondant à un logarithme donné, dans les tables de J. de Lalande, par J. Dupuis).

Le nombre correspondant à 0,30103 est 2.

Ces équations peuvent aussi se présenter sous cette forme $x^{2^{3^4}}$ égal un nombre donné; ou $x^{2.3.4}$, elles retombent alors dans le cas d'équations que nous avons traitées page 136.

RÉSOLUTION DES ÉQUATIONS INDÉTERMINÉES.

Des équations indéterminées sont celles dans lesquelles il y a une inconnue de plus que le nombre d'équations; ces inconnues sont susceptibles d'avoir plusieurs valeurs, qui toutes vérifient l'équation.

Pour résoudre un système de ces équations, on les combine entre elles de manière à obtenir une équation ne renfermant que deux inconnues, on cherche la valeur d'une de ces inconnues dans cette dernière, puis on divise chaque terme du numérateur de la fraction obtenue par son dénominateur. Si la division n'est pas exacte, le reste est le numérateur d'une fraction dont le dénominateur est le dénominateur précédent, o égale cette fraction à un nombre (t), par exemple, on en déduit la valeur de la seconde inconnue qui était renfermée dans cette fraction; on effectue la division comme il a été fait précédemment, on obtient encore une nouvelle fraction sur laquelle on opère, comme sur la première, en l'égalant à un nombre (t'). par exemple, on en déduit la valeur de t, et ainsi de suite jusqu'à ce que l'on obtienne une fraction dont les deux termes soient divisibles l'un par l'autre, ce qui donnera la valeur d'une quantité en t, on substituera cette valeur dans l'une des fractions précédentes,

*ce qui donnera une valeur pour une autre quan-
tité en t, on remonte ainsi la marche des opérations jusqu'à ce que l'on obtienne la valeur d'une
inconnue, de laquelle on déduit la valeur des
autres.*

Appliquons cette règle à la résolution du système des deux équations suivantes :

$$x + y + z = 100 \qquad (1)$$
$$5\,x + y + 0{,}05\,z = 100 \qquad (2)$$

Multiplions l'équation (1) par 5.

$$5x + 5\,y + 5\,z = 500$$

Changeons les signes.

$$-5\,x - 5\,y - 5\,z = -500 \qquad (3)$$

Multiplions l'équation (2) par 100.

$$500\,x + 100\,y + 5\,z = 10000 \qquad (4)$$

Additionnons les équations (3) et (4).

$$495\,x + 95\,y = 9500 \qquad (5)$$

Équation ne renfermant que deux inconnues de laquelle nous déduisons :

$$y = \frac{9500 - 495\,x}{95}$$

Effectuons la division séparément.

$$y = 100 - \left(5\,x + \frac{20}{95}\,x\right)$$

Nous faisons :

$$\frac{20\,x}{95} = t$$

d'où nous tirons :

$$20\,x = 95\,t \qquad \text{et} \qquad x = \frac{95\,t}{20}$$

En effectuant la division

$$x = 4\,t + \frac{15}{20}\,t$$

nous écrivons :

$$\frac{15}{20}\,t = t'$$

Et nous en déduisons de suite :

$$t = \frac{20}{15}\,t' = t' + \frac{5}{15}\,t'$$

Soit :

$$\frac{5}{15}\,t' = t''$$

De là on aura :

$$t' = 3\,t''$$

Substituons la valeur de t' dans l'équation en t précédente.

$$t = 3\,t'' + \left(\frac{5}{15} . 3\,t'' \right) = 4\,t''$$

Substituons la valeur de t dans l'équation en x.

$$x = 16\,t'' + \left(\frac{15}{20} . 4\,t'' \right) = 19\,t''$$

Nous tirons pour valeur de y :

$$y = 100 - \left(95\, t' + \frac{20}{95} + 19\, t''\right) = 100 - 99\, t''$$

Écrivons

$$t' = 0$$

Dans cette hypothèse.

$$x = 0$$
$$y = 100$$
$$z = 100 - x - y = 100 - 0 - 100 = 0.$$

Ce qui est inadmissible, car il faut que les valeurs des inconnues soient réelles et positives.

Admettons que $t'' = 1$, alors :

$$x = 19$$
$$y = 1$$
$$z = 80$$

Ces valeurs sont admises, puisqu'elles sont réelles et positives.

Admettons $t'' = 2$, de là :

$$x = 38$$
$$y = -98$$
$$z = 160$$

Ce qui ne peut être, d'après la raison que nous venons de donner; donc t'' ne peut pas égaler 2, ni 3, ni 4, etc. Il n'y a donc que la valeur 1 qui lui convienne.

Soit à résoudre le système des deux équations suivantes :

$$x + y + z = 150 \qquad (1)$$
$$5x + 6y + 4z = 740 \qquad (2)$$

Multiplions l'équation (1) par 4 et changeons-en les signes.

$$-4x - 4y - 4z = -600$$

Additionnons cette dernière avec l'équation (2).

$$x + 2y = 140 \qquad (3)$$

De cette équation nous déduisons :

$$y = \frac{140 - x}{2}.$$

Effectuant la division.

$$y = 70 - \frac{x}{2}$$

Écrivons $\frac{x}{2} = t$, nous en déduisons :

$$x = 2t$$

et

$$y = 70 - t$$
$$z = 150 - x - y$$

Faisons :

$$t = 0 \text{ alors } x = 0 \quad y = 70 \text{ et } z = 80$$
$$t = 1 \qquad x = 2 \quad y = 69 \qquad z = 79$$
$$t = 2 \qquad x = 4 \quad y = 68 \qquad z = 78$$
$$t = 3 \qquad x = 6 \quad y = 67 \qquad z = 77$$
$$t = 4 \qquad x = 8 \quad y = 66 \qquad z = 76$$
$$t = 5 \qquad x = 10 \quad y = 65 \qquad z = 75$$
$$t = 6 \qquad x = 12 \quad y = 64 \qquad z = 74$$
$$t = 7 \qquad x = 14 \quad y = 63 \qquad z = 73$$

Il y aura donc 69 valeurs positives et réelles satisfaisant aux équations proposées.

APPLICATION DE PLUSIEURS RÈGLES ÉTUDIÉES A LA RÉSOLUTION DE L'ÉQUATION A DEUX INCONNUES SUIVANTES.

$$2\sqrt{xy} + y + x = a \qquad (1)$$
$$x - y = b \qquad (2)$$

Nous remarquerons que l'équation (1) se transforme en cette autre :

$$\overline{(\sqrt{x} + \sqrt{y})}^2 = a \qquad (3)$$

La seconde devient :

$$(\sqrt{x} + \sqrt{y})(\sqrt{x} - \sqrt{y}) = b \quad (4)$$

Divisons l'équation (3) par l'équation (4).

$$\frac{\overline{(\sqrt{x} + \sqrt{y})}^2}{(\sqrt{x} + \sqrt{y})(\sqrt{x} - \sqrt{y})} = \frac{a}{b}$$

En simplifiant.

$$\frac{\sqrt{x} + \sqrt{y}}{\sqrt{x} - \sqrt{y}} = \frac{a}{b}$$

Faisons :

$$\sqrt{x} = c$$

en élevant au carré

$$x = c^2$$

De même :

$$\sqrt{y} = d$$

en élevant au carré

$$y = d^2$$

En remplaçant nous aurons :

$$\frac{c+d}{c-d} = \frac{a}{b}$$

Faisant disparaître les dénominateurs.

$$(c+d)\, b = (c-d)\, a \qquad (5)$$

L'équation (2) nous donne :

$$c^2 - d^2 = b \qquad (6)$$

ou :

$$(c+d)\,(c-d) = b \qquad (6)$$

Divisons l'équation (6) par l'équation (5).

$$\frac{(c+d)\,(c-d)}{(c+d)\, b} = \frac{b}{a\,(c-d)}$$

En simplifiant :

$$\frac{c-d}{b} = \frac{b}{a\,(c-d)}$$

Faisons disparaître les dénominateurs.

$$a\,(c-d)^2 = b^2$$

d'où :

$$(c-d)^2 = \frac{b^2}{a}$$

Extrayons la racine carrée.

$$c - d = \frac{b}{\sqrt{a}} \qquad (7)$$

De l'équation (5) on tire :

$$c + d = \frac{c - d \cdot a}{b}$$

Remplaçons $c - d$ par son égal $\dfrac{b}{\sqrt{a}}$ dans cette dernière.

$$c + d = \frac{b}{\sqrt{a}} \cdot \frac{a}{b} = \sqrt{a} \qquad (8)$$

Additionnons les équations (7) (8).

$$2\,c = \frac{b}{\sqrt{a}} + \sqrt{a} = \frac{b + a}{\sqrt{a}}$$

d'où :

$$c = \frac{b + a}{2\sqrt{a}}$$

En retranchant l'équation (7) de l'équation (8).

$$2\,d = \sqrt{a} - \frac{b}{\sqrt{a}}$$

d'où :

$$d = \frac{a - b}{2\sqrt{a}}$$

Nous déduirons donc pour les valeurs des inconnues x et y :

$$x = \frac{\overline{(a + b)}^2}{4\,a}$$

et

$$y = \frac{\overline{(a - b)}^2}{4\,a}$$

Manière plus simple de résoudre le système des deux équations précédentes.

$$2 \sqrt{xy} + x + y = a \qquad (1)$$
$$x - y = b \qquad (2)$$

L'équation (1) se transforme en cette autre :

$$\left(\sqrt{x} + \sqrt{y} \right)^2 = a$$

d'où :

$$\sqrt{x} + \sqrt{y} = \sqrt{a} \qquad (3)$$

L'équation (2) peut encore s'écrire :

$$\left(\sqrt{x} + \sqrt{y} \right)\left(\sqrt{x} - \sqrt{y} \right) = b$$

Remplaçons $\sqrt{x} + \sqrt{y}$ par son égal $\sqrt{a}$.

$$\sqrt{a} \left(\sqrt{x} - \sqrt{y} \right) = b$$

D'où nous déduirons :

$$\sqrt{x} - \sqrt{y} = \frac{b}{\sqrt{a}} \qquad (4)$$

Additionnons les équations (3) et (4).

$$2 \sqrt{x} = \sqrt{a} + \frac{b}{\sqrt{a}}$$

d'où :

$$\sqrt{x} = \frac{a + b}{2 \sqrt{a}}$$

Élevant au carré :

$$x = \frac{(a + b)^2}{4 a}$$

Retranchant l'équation (4) de l'équation (3).

$$2\sqrt{y} = \frac{a-b}{\sqrt{a}}$$

d'où :

$$\sqrt{y} = \frac{a-b}{2\sqrt{a}}$$

Élevant au carré.

$$y = \frac{(a-b)^2}{4a}$$

Valeurs trouvées précédemment.

APPLICATION DE PLUSIEURS RÈGLES ÉTUDIÉES A LA RÉSOLUTION DES ÉQUATIONS SUIVANTES.

1er EXEMPLE :

$$\sqrt{x + \sqrt{x}} - \sqrt{x - \sqrt{x}} = \frac{3}{2}\sqrt{\frac{x}{x + \sqrt{x}}}$$

Pour résoudre cette équation, nous écrivons :

$$x = a^2$$

d'où :

$$\sqrt{x} = a$$

Remplaçons x et $\sqrt{x}$ par leurs égaux a^2 et a

dans l'équation proposée, elle se transforme en cette autre plus simple.

$$\sqrt{a^2 + a} - \sqrt{a^2 - a} = \frac{3}{2} \sqrt{\frac{a^2}{a^2 + a}}$$

Extrayons la racine carrée du numérateur de la fraction du second membre, et opérons la réduction $\frac{3}{2}$.

$$\sqrt{a^2 + a} - \sqrt{a^2 - a} = \frac{1.5\,a}{\sqrt{a^2 + a}}$$

Faisons disparaître le dénominateur.

$$a^2 + a - \sqrt{(a^2 + a)\,(a^2 - a)} = 1.5\,a$$

Opérons les réductions et les calculs entre parenthèse.

$$a^2 - \sqrt{a^4 - a^2} = 0.5\,a$$

Faisons passer $0.5\,a$ dans le premier membre, et $-\sqrt{a^4 - a^2}$ dans le second.

$$a^2 - 0.5\,a = \sqrt{a^4 - a^2}$$

Élevons au carré.

$$a^4 + 0.25\,a^2 - a^3 = a^4 - a^2$$

Faisons les réductions des termes semblables.

$$1.25\,a^2 - a^3 = 0$$

Divisons tous les termes par a^2.

$$1,25 - a = o$$

D'où on tire pour valeur de a.

$$a = 1.25 \quad \text{ou} \quad \frac{5}{4}$$

De là on aura pour valeur de l'inconnue :

$$x = 1\overline{.25^2} = \left(\frac{5}{4}\right)^2 = 1.5625 \quad \text{ou} \quad \frac{25}{16}$$

2e EXEMPLE :

Soit à résoudre l'équation suivante :

$$\sqrt{1-a}\;\sqrt[4]{\frac{1+x}{1-x}} + \sqrt{1+a}\;\sqrt[4]{\frac{1-x}{1+x}} = 2\;\sqrt[4]{1-a^2}$$

Décomposons la racine 4e en deux racines carrées.

$$\sqrt{1-a}\;\sqrt{\frac{\sqrt{1+x}}{\sqrt{1-x}}} + \sqrt{1+a}\;\sqrt{\frac{\sqrt{1-x}}{\sqrt{1+x}}} = 2\sqrt[4]{1-a^2}$$

Indiquons la multiplication des radicaux du 1er membre en ne répétant qu'une fois le signe radical.

$$\sqrt{\frac{(1-a)\sqrt{1+x}}{\sqrt{1-x}}} \quad \sqrt{\frac{(1+a)\sqrt{1-x}}{\sqrt{1+x}}} = 2\sqrt[4]{1-a^2}\,(1)$$

Pour simplifier les calculs en diminuant le nombre des radicaux, nous écrivons :

$$\sqrt{1+x} = b \quad (2)$$

Élevant au carré :

$$1 + x = b^2 \qquad (3)$$

Élevant encore au carré :

$$1 + 2x + x^2 = b^4 \qquad (4)$$

De l'équation (3) on tire :

$$x = b^2 - 1 \qquad (5)$$

De sorte que le radical $\sqrt{1 - x}$ peut se remplacer par :

$$\sqrt{1 - b^2 + 1} = \sqrt{2 - b^2} \qquad (6)$$

Élevant au carré on a :

$$1 - x = 2 - b^2 \qquad (7)$$

Dans l'équation (1), remplaçons les radicaux :

$$\sqrt{1 + x} \quad \text{et} \quad \sqrt{1 - x}$$

par leurs égaux :

$$b \quad \text{et} \quad \sqrt{2 - b^2}$$

$$\sqrt{\frac{(1 - a)\, b}{\sqrt{2 - b^2}}} + \sqrt{\frac{(1 + a)\, \sqrt{2 - b^2}}{b}} =$$

Élevons au carré les deux membres de cette égalité.

$$\frac{(1 - a)\, b}{\sqrt{2 - b^2}} + \frac{(1 + a)\, \sqrt{2 - b^2}}{b} + 2$$

$$\sqrt{\frac{(1 - a)\, b\, (1 + a)\, \sqrt{2 - b^2}}{b\, \sqrt{2 - b^2}}} = 4\sqrt{1 - a^2}$$

Réduisons au même dénominateur les **deux** premiers termes du premier membre et simplifions le troisième.

$$\frac{(1-a)\,b^2 + (1+a)\,(2-b^2)}{b\sqrt{2-b^2}} + 2\sqrt{(1-a)\,(1+a)}$$
$$= 4\sqrt{1-a^2}$$

Faisons passer :

$$2\sqrt{(1-a)\,(1+a)}$$

Dans le second membre :

$$\frac{(1-a)\,b^2 + (1+a)\,(2-b^2)}{b\sqrt{2-b^2}} = 4\sqrt{1-a^2}$$
$$-2\sqrt{1-a^2} = 2\sqrt{1-a^2}$$

Effectuons les calculs des deux membres après avoir fait disparaître le dénominateur :

$$b\sqrt{2-b^2}$$
$$b^2 - ab^2 + 2 - b^2 + 2a - ab^2 = 2b$$
$$\sqrt{(2-b^2)(1-a^2)} = 2b\sqrt{2-b^2-2a^2+a^2b^2}$$

Opérons la réduction des termes semblables :

$$2\sqrt[4]{1-a^2} - 2ab^2 + 2a + 2 = 2b\sqrt{2-b^2-2a^2+a^2b^2}$$

Divisons les deux membres par 2 :

$$-ab^2 + a + 1 = b\sqrt{2-b^2-2a^2+a^2b^2}$$

Élevons au carré les deux membres de cette égalité.

$$a^2 b^4 - 2 a^2 b^2 - 2 a b^2 + a^2 + 2 a + 1 = b^2$$
$$(2 - b^2 - 2 a^2 + a^2 b^2)$$

Effectuons les calculs du second membre.

$$a^2 b^4 - 2 a^2 b^2 - 2 a b^2 + a^2 + 2 a + 1 = a b^2 - b^4$$
$$- 2 a^2 b^2 + a^2 b^4$$

Faisant la réduction des termes semblables, on aura :

$$a^2 + 2 a + 1 = 2 b^2 - b^4 + 2 a b^2$$

Substituant à b^2 et b^4 les valeurs des égalités (3) (4).

$$a^2 + 2 a + 1 = 2 (1 + x) - (1 + 2 x + x^2) + 2 a (1 + x)$$

Faisons les calculs du second membre.

$$a^2 + 2 a + 1 = 2 + 2 x - 1 - 2 x - x^2 + 2 a + 2 a x$$

Faisons la réduction des termes semblables.

$$a^2 = 2 a x - x^2$$

Changeons les membres de place.

$$x^2 - 2 a x = - a^2$$

Équation complète du second degré dans laquelle :

$$x = a.$$

3ᵉ EXEMPLE :

Soit à résoudre l'équation suivante :

$$\sqrt{x + 15} - \sqrt{\frac{225}{x + 15}} = \sqrt{x - 6}.$$

Nous remarquerons que 225 placé sous le second radical est carré parfait ; en extrayant la racine carrée aux deux termes de la fraction $\dfrac{225}{x+15}$ l'équation se change en celle-ci :

$$\sqrt{x+15} - \frac{15}{\sqrt{x+15}} = \sqrt{x-6}$$

Faisons disparaître le dénominateur.

$$x + 15 - 15 = \sqrt{x+15} \times \sqrt{x-6}.$$

Les radicaux étant du même degré, on peut l'écrire qu'une seule fois.

$$x = \sqrt{(x+15)\,(x-6)}$$

En effectuant la multiplication.

$$x = \sqrt{x^2 - 6\,x + 15\,x - 90}$$

Faisant les réductions.

$$x = \sqrt{x^2 + 9\,x - 90}$$

Élevant au carré les deux membres.

$$x^2 = x^2 + 9\,x - 90$$

Faisant les réductions.

$$9\,x = 90$$

d'où :

$$x = \frac{90}{9} = 10$$

valeur de l'inconnue.

4ᵉ EXEMPLE :

Soit à résoudre l'équation.

$$\sqrt[3]{\frac{x-2}{x^2-4}} \times \sqrt[3]{\frac{x^2-4}{x+2}} = \frac{1}{\sqrt[3]{5}}$$

Les radicaux étant de même indice, on peut écrire le radical qu'une seule fois.

$$\sqrt[3]{\frac{(x-2)\,(x^2-4)}{(x^2-4)\,(x+2)}} = \frac{1}{\sqrt[3]{5}}$$

Supprimons le facteur commun $x^2 - 4$.

$$\sqrt[3]{\frac{x-2}{x+2}} = \frac{1}{\sqrt[3]{5}}$$

Élevons au cube les deux membres.

$$\frac{x-2}{x+2} = \frac{1}{5}$$

Faisant disparaître les dénominateurs.

$$5\,x - 10 = x + 2$$

Opérant la réduction des termes semblables.

$$4\,x = 12$$

D'où l'on déduit pour valeur de l'inconnue :

$$x = \frac{12}{4} = 3.$$

5e EXEMPLE :

Résoudre l'équation.

$$\sqrt{1 - \sqrt{x^4 - x^2}} = x - 1$$

Élevons cette équation au carré,

$$1 - \sqrt{x^4 - x^2} = x^2 - 2x + 1$$

Faisons passer le terme 1 du premier membre dans le second.

$$-\sqrt{x^4 - x^2} = x^2 - 2x + 1 - 1 = x^2 - 2x$$

Élevons au carré cette équation.

$$x^4 - x^2 = x^4 - 4x^3 + 4x^2$$

Faisons la réduction des termes semblables.

$$5x^2 = 4x^3$$

Divisons les deux membres par x^2 :

$$5 = 4x$$

égalité de laquelle on tire pour valeur de l'inconnue :

$$x = \frac{5}{4}.$$

6e EXEMPLE :

Résoudre l'équation.

$$x^3 - 6x^2 + 10x = 8$$

Faisons passer 8 dans le premier membre.

$$x^3 - 6x^2 + 10x - 8 = 0.$$

Le premier membre de cette équation est un polynome produit, dont les deux facteurs nous sont inconnus.

D'après la forme de ce polynome, nous remarquons que les facteurs x^2, $2x$ et 2 servent à le composer. Si donc nous divisions les deux membres de l'égalité par $x^2 - 2x + 2$, nous aurions :

$$\frac{x^3 - 6x^2 + 10x - 8}{x^2 - 2x + 2} = 0$$

La division se fait exactement et donne pour quotient :

$$x - 4$$

Donc on a cette nouvelle équation :

$$x - 4 = 0$$

d'où l'on tire :

$$x = 4.$$

Dans ce genre d'équation, c'est la pratique seule qui permet de voir à l'inspection du polynome donné, le facteur par lequel il serait divisible exactement, et l'on opère cette division pour abaisser le degré de l'équation proposée.

7e EXEMPLE :

Résoudre l'équation suivante :

$$2y\sqrt[3]{y} - 3y\sqrt[3]{\frac{1}{y}} = 20.$$

Nous posons :

$$\sqrt[3]{y} = a$$

Élevant au cube nous avons :

$$y = a^3$$

Substituant ces valeurs dans l'équation :

$$2 a^3 . a - 3 a^3 . \sqrt[3]{\frac{1}{a\,3}} = 20$$

Effectuons les calculs indiqués :

$$2 a^4 - 3 a^3 . \frac{1}{a} = 20$$

ou encore :

$$2 a^4 - 3 a^2 = 20$$

Équation bicarrée dans laquelle nous ferons :

$$a^4 = b^2$$
$$a^2 = b$$
$$a = \pm \sqrt{b}$$

Substituant ces valeurs dans l'équation :

$$2 b^2 - 3 b = 20$$

Divisons par 2 :

$$b^2 - 1.5\, b = 10$$

équation qui n'est plus que du second degré.
Rendons les deux membres carrés parfaits en

y ajoutant le carré de la moitié du coefficient 1.5, et nous aurons :

$$(\overline{b - 0.75})^2 = 10 + (\overline{0.75})^2 = 10,5625$$

D'où, en extrayant la racine carrée :

$$b - 0.75 = \pm \sqrt{10.5625} = \pm 3.25$$

et

$$b = 0.75 \pm 3.25 = 4 \qquad \text{et} \qquad -2.50$$

Connaissant les valeurs de b, nous en déduisons les valeurs de a :

$$a = \pm \sqrt{b} = \pm \sqrt{4} = \pm 2$$

et

$$a = \pm \sqrt{-2.50}$$

Les valeurs de y seront :

$$y = a^3 = \pm 2^3 = \pm 8$$

et

$$y = \pm (\sqrt{-2.50})^3$$

ou :

$$y = \pm 2.50 \sqrt{-2.50}$$

8e EXEMPLE :

Résoudre l'équation.

$$\sqrt{7y + 1} - \sqrt{3y + 1} = \sqrt{2y - 6}$$

Élevons au carré cette équation.

$$7y + 1 + 3y + 1 - 2\sqrt{(7y + 1)(3y + 1)} = 2y - 6$$

Faisons les réductions et effectuons les calculs entre parenthèse.

$$10\,y + 2 - 2\sqrt{21\,y^2 + 10\,y + 1} = 2\,y - 6$$

Faisons passer $10\,y + 2$ dans le second membre.

$$-2\sqrt{21\,y^2 + 10\,y + 1} = 2\,y - 6 - 10\,y - 2$$

Opérant les réductions des termes semblables.

$$-2\sqrt{21\,y^2 + 10\,y + 1} = -8\,y - 8$$

Divisons les deux membres par 2 et changeons les signes.

$$\sqrt{21\,y^2 + 10\,y + 1} = 4\,y + 4$$

Élevons au carré cette dernière équation.

$$21\,y^2 + 10\,y + 1 = 16\,y^2 + 32\,y + 16$$

Faisons la réduction des termes semblables.

$$5\,y^2 - 22\,y = 15$$

Équation qui est du second degré.
Divisons-en tous les termes par 5.

$$y^2 - 4,4\,y = 3$$

Rendons les deux membres carrés parfaits.

$$(y - 2.2)^2 = 3 + 2.2^2 = 3 + 4.84. = 7,84$$

Extrayons la racine carrée aux 2 membres.

$$y - 2.2 = \pm\sqrt{7,84} = \pm 2,8$$

Faisant passer -2.2 dans le second membre, on aura :

$$y = 2.2 \pm 2.8$$

Dans le premier cas :

$$y = 5$$

Et dans le second cas :

$$y = -0,60$$

9e EXEMPLE :

Résoudre l'équation.

$$\frac{\dfrac{1+y}{1-y} - \dfrac{1-y}{1+y}}{\dfrac{1+y}{1-y} - 1} = \frac{8}{3} \cdot y$$

Réduisons au même dénominateur les deux fractions du numérateur du premier membre de cette équation.

$$\frac{\dfrac{(\overline{1+y})^2 - (\overline{1-y})^2}{(1-y)(1+y)}}{\dfrac{1+y}{1-y} - 1} = \frac{8 \cdot y}{3}$$

Delévoppons les carrés indiqués et faisons de suite la soustraction, pour cela nous changerons tous les signes des termes du carré $1-y$.

$$\frac{\dfrac{1 + 2y + y^2 - 1 + 2y - y^2}{(1-y)(1+y)}}{\dfrac{1+y}{1-y} - 1} = \frac{8y}{3}$$

Opérons la réduction des termes semblables.

$$\frac{\dfrac{4\,y}{(1-y)\,(1+y)}}{\dfrac{1+y}{1-y}-1} = \frac{8\,y}{3}$$

Agissons de la même manière pour le dénominateur du premier membre de cette dernière équation.

Pour cela, réduisons au même dénominateur l'expression :

$$\frac{1+y}{1-y}-1$$

et nous aurons :

$$\frac{\dfrac{4\,y}{(1-y)\,(1+y)}}{\dfrac{1+y-1+y}{1-y}} = \frac{8\,y}{3}$$

Nous aurons changé les signes de la quantité à soustraire.

$$-1\,(1-y)$$

Faisons la réduction des termes semblables.

$$\frac{\dfrac{4\,y}{(1-y)\,(1+y)}}{\dfrac{2\,y}{1-y}} = \frac{8\,y}{3}$$

L'opération indiquée au premier membre de cette dernière équation est une division de fractions.

Pour diviser deux fractions l'une par l'autre, on multiplie la fraction dividende par la fraction diviseur renversée, donc on aura :

$$\frac{4\,y \times (1-y)}{(1-y)\,(1+y) \times 2\,y} = \frac{8\,y}{3}$$

Supprimons les facteurs communs $1-y$ et $2\,y$ et nous aurons :

$$\frac{2}{1+y} = \frac{8\,y}{3}$$

Faisons disparaître les dénominateurs.

$$6 = 8\,y + 8\,y^2$$

Divisons tous les termes par 2 et changeons les membres de place.

$$4\,y^2 + 4\,y = 3$$

Équation du second degré.
Divisons tous les termes par 4.

$$y^2 + y = 0,75$$

Rendons les deux membres carrés parfaits.

$$(\overline{y + 0.5})^2 = 0.75 + 0,25 = 1$$

Extrayons la racine carrée aux deux membres.

$$y + 0.5 = \pm \sqrt{1} = \pm 1$$

Faisons passer 0.50 dans le second membre.

$$y = -0.5 \pm 1$$

Pour première valeur de l'inconnue, on a :

$$y = 0,50$$

Pour seconde valeur :

$$y = -1,50$$

Les deux valeurs de l'inconnue $y = 0.50$ et $y = -1.50$ vérifient l'équation.

RÉSOLUTION DE DIVERS PROBLÈMES EN APPLICATION DES SYSTÈMES D'ÉQUATIONS EXPLIQUÉS DANS LE TEXTE DE CE VOLUME.

PROBLÈME N° 1.

Un père a 36 ans, son fils en a 15, dans combien d'années l'âge du père sera-t-il double de celui du fils.

Raisonnement.

Soit x ce nombre d'années; pendant ce temps le père aura vieilli de x années, ainsi que le fils, pour répondre à l'énoncé du problème. Ils auront donc, l'un $36 + x$ ans et l'autre $15 + x$, et à cette époque l'âge du père est double de celui du fils, de là cette équation :

$$36 + x = 2(15 + x)$$

Effectuant les calculs entre parenthèse.

$$36 + x = 30 + 2\,x$$

Dégageons l'inconnue.

$$x = 6$$

Le père aura donc le double de l'âge de son fils au bout de 6 ans.

PROBLÈME N° 2.

Trois fontaines remplissent : la 1re un bassin de 1,000 litres en quatre heures ; la 2e un bassin de 800 litres en trois heures; la 3e un bassin de 400 litres en deux heures. Combien faudrait-t-il d'heures à ces trois fontaines coulant ensemble pour remplir un bassin de 2,150 litres de capacité.

Raisonnement.

Soit x ce nombre d'heures.

La 1re fontaine donne 1,000 litres en quatre heures ou $\dfrac{1,000}{4}$ litres par heure, la 2e donne $\dfrac{800}{3}$ litres par heure et la 3e en donne $\dfrac{400}{2}$. Si elles coulent toutes trois ensemble pendant x heures, elles rempliront un bassin ayant 2,150 litres de capacité.

Donc, la 1re aura rempli de ce bassin une capacité représentée par $\dfrac{1,000}{4}\,x$ litres en x heures

La 2e fontaine aura donné une contenance de $\dfrac{800}{3}\,x$ litres et la 3e sera représentée par cette quantité $\dfrac{400}{2}\,x$ litres.

D'où l'ensemble conduit à cette équation :

$$\frac{1000}{4}\,x + \frac{800}{3}\,x + \frac{400}{2}\,x = 2150$$

Faisant disparaître les dénominateurs.

$$3000\,x + 3200\,x + 2400\,x = 25800$$

Ou en faisant la réduction.

$$8600\,x = 25800$$

d'où :

$$x = \frac{25800}{8600} = 3$$

Les trois fontaines coulant ensemble mettraient trois heures pour remplir le bassin.

PROBLÈME N° 3.

Une estafette se rendant à une destination, calcule qu'en faisant 12 lieues par jour, elle arriverait deux jours après l'époque fixée, et qu'en en faisant 15, elle arriverait un jour trop tôt. Combien doit-elle faire de lieues pour arriver à l'époque convenue et combien mettra-t-elle de jours en route.

Raisonnement.

Représentons par x le nombre de lieues qu'elle a à parcourir pour arriver à sa destination; faisant dans le 1er cas 12 lieues par jour, elle mettrait donc un nombre de jours représenté par $\dfrac{x}{12}$ pour arriver à parcourir la distance, et de cette manière elle se trouve en retard de deux jours; le nombre de jours pour arriver à terme sera donc représenté par l'expression :

$$\frac{x}{12} - 2.$$

Dans le second cas, faisant 15 lieues par jour, le nombre de jours à employer pour franchir la distance est $\dfrac{x}{15}$, elle se trouve être un jour en avance; donc, le nombre de jours pour arriver à terme serait encore représenté par cette nouvelle expression :

$$\frac{x}{15} + 1.$$

Or, les deux expressions $\dfrac{x}{12} - 2$ et $\dfrac{x}{15} + 1$

représentant un même nombre, sont égales et constituent une équation.

$$\frac{x}{12} - 2 = \frac{x}{15} + 1$$

Équation de laquelle on déduit pour valeur de l'inconnue :

$$x = 180 \text{ lieues.}$$

Et le nombre de jours employés à parcourir cette distance est :

$$\frac{x}{12} - 2 \qquad \text{ou} \qquad \frac{x}{15} + 1$$

ce qui donne 13.

L'estafette doit donc parcourir 180 lieues en treize jours pour arriver à sa destination à l'époque fixée.

PROBLÈME N° 4.

Un jardinier avait planté des arbres aux sommets d'un polygone régulier dont le périmètre est 100 mètres ; ne voulant plus de cette disposition, il les arrache et les replante à égale distance les uns des autres, sur une ligne droite dont les extrémités sont distantes de 80 mètres. Or, l'intervalle qui sépare deux arbres consécutifs dans les deux cas est le même. On désire savoir combien il y avait d'arbres.

Raisonnement.

Soit x ce nombre d'arbres; puisque le péri-mètre ou contour du polygone régulier est de 100 mètres, la distance entre deux arbres est donc représentée par l'expression $\dfrac{100}{x}$ mètres.

Dans le second cas, un arbre se trouvant à chaque extrémité de la ligne droite, il y a donc $x-1$, espaces contenues dans cette ligne et la distance qui sépare deux arbres consécutifs est de $\dfrac{80}{x-1}$. Les espaces entre deux arbres con-sécutifs étant les mêmes dans les deux cas, on a cette équation :

$$\frac{100}{x} = \frac{80}{x-1}$$

Équation de laquelle on déduit :

$$x = 5$$

Il y avait donc cinq arbres dans les deux cas.

PROBLÈME N° 5.

Un père convient de donner à son fils 2 fr. toutes les fois qu'il gagnera en tirant à la cible, et le fils de donner 0ᶠ,50 toutes les fois qu'il manquera le but; or, après 60 parties, le fils doit au père 5 fr. Combien a-t-il gagné de parties et combien en a-t-il perdu?

Raisonnement.

Soit x le nombre de parties qu'a gagnées le fils; en ayant fait 60 en tout il en aura donc perdu $60 - x$.

Le père donnant 2 fr. au fils par chaque partie gagnée, celui-ci aura $2.x$ fr. de gain, c'est-à-dire autant de 2 fr. qu'il aura gagné de parties, mais donnant à son tour $0^f,50$ par partie perdue, il aura donc donné à son père $0.50 (60 - x)$ francs, puisqu'il a perdu $60 - x$ parties.

Or, dans ces conditions, il se trouve devoir 5 fr. à son père.

C'est donc que ces 5 francs sont la différence entre les parties perdues et celles qui sont gagnées, de là l'équation :

$$0.50 (60 - x) - 2x = 5$$

Équation de laquelle nous avons :

$$x = 10$$

Le fils a donc gagné 10 parties et en a perdu $60 - x = 50$ parties.

Réponses vérifiant l'énoncé.

PROBLÈME N° 6.

A quelles heures les aiguilles d'une montre se rencontrent-elles ?

Raisonnement.

Supposons pour le moment qu'il soit midi, alors les deux aiguilles sont exactement l'une sur l'autre.

Soit x le chemin exprimé en minutes à parcourir par la petite aiguille pour arriver au point de rencontre; pendant ce temps la grande aiguille aura dû parcourir le tour du cadran ou 60 minutes, plus le chemin parcouru par la petite, ou $60 + x$; or, la petite aiguille va 12 fois moins vite que l'autre, puisqu'elle ne parcourt que 5 minutes pendant que la grande en parcourt 60; donc le chemin parcouru par la petite, multiplié par le rapport 12, est le même que celui parcouru par la grande, d'où cette équation :

$$12\,x = 60 + x$$

de laquelle on déduit :

$$x = \frac{60}{11}$$

L'espace à parcourir par la petite aiguille, pour arriver au point de rencontre, est exprimé par la fraction $\dfrac{60}{11}$ de minutes, ce qui donne $5'\,27''\,16'''$, etc. Or, lorsque cette aiguille aura parcouru $5'$ à partir de midi, elle occupera la position de 1 heure sur le cadran, la rencontre aura donc lieu à 1 heure 5 minutes, 27 secondes, 16 tierces, etc.

Si nous voulions transformer l'expression de la valeur de x, $\dfrac{60}{11}$ de minutes, en onzième d'heure, nous diviserions $\dfrac{60}{11}$ par 60, ce qui s'obtient en tenant ce raisonnement : dans une heure, il y a 60′, combien y a-t-il d'heures dans $\dfrac{60}{11}$ de minutes, il y en a $\dfrac{60}{11 \times 60} = \dfrac{1}{11}$ d'heure.

Il y a douze rencontres en douze heures, ou par tour complet du cadran fait par la petite aiguille. Nous allons donner ces heures où la rencontre a lieu, exprimées en minutes, secondes, tierces, etc., et en onzième d'heure.

Le point de rencontre des deux aiguilles a lieu aux heures suivantes :

Midi.

heures	minutes	secondes	tierces	ou heures	heures
1	5	27	16	1	$\dfrac{1}{11}$
2	10	54	32	2	$\dfrac{2}{11}$
3	16	21	49	3	$\dfrac{3}{11}$
4	21	49	5	4	$\dfrac{4}{11}$

heures	minutes	secondes	tierces	ou heures	heures
5	27	16	21	5	$\dfrac{5}{11}$
6	32	43	38	6	$\dfrac{6}{11}$
7	38	10	54	7	$\dfrac{7}{11}$
8	43	38	10	8	$\dfrac{8}{11}$
9	49	5	27	9	$\dfrac{9}{11}$
10	54	32	43	10	$\dfrac{10}{11}$
11	60	»	»	11	$\dfrac{11}{11}$

La fraction exprimée en onzième ne pouvant donner lieu à un résultat rigoureusement exact, les valeurs que nous avons données ci-dessus ne sont exactes qu'à une approximation suffisante pour la pratique.

PROBLÈME N° 7.

A quelles heures les aiguilles d'une montre sont-elles diamétralement opposées.

Raisonnement.

Supposons comme précédemment qu'il soit midi, les deux aiguilles sont l'une sur l'autre.

Soit x l'espace exprimé en minutes, à parcourir par la petite aiguille, pour arriver à un point tel que la grande aiguille lui soit diamétralement opposée.

L'espace parcouru par la grande aiguille sera de 30′, plus celui qui a été parcouru par la petite, ou $30 + x$.

Or, la petite aiguille allant douze fois moins vite que l'autre, en multipliant son chemin parcouru par 12, on obtient le chemin parcouru par l'autre, d'où cette équation :

$$12\,x = 30 + x$$

de laquelle on tire :

$$x = \frac{30}{11} \text{ de minutes}$$

ou :

$$2'\,43''\,38''', \text{ etc.}$$

Le point d'opposition des deux aiguilles aura donc lieu à midi 32 minutes, 43 secondes, 38 tierces, etc.

Lorsque les deux aiguilles seront opposées, l'expression numérique pourra encore être exprimée en onzième d'heure comme précédemment. Ayant douze oppositions en douze heures, nous allons donner les valeurs numériques de chacune d'elles.

Les deux aiguilles sont en opposition aux heures suivantes :

— 175 —

midi	minutes	secondes	tierces	ou midi	heures
heures	32	43	38	heures	$\frac{6}{11}$
1	38	10	54	1	$\frac{7}{11}$
2	43	38	10	2	$\frac{8}{11}$
3	49	5	27	3	$\frac{9}{11}$
4	54	32	43	4	$\frac{10}{11}$
5	60	»	»	5	$\frac{11}{11}$
6	»	»	»	6	»
7	5	27	16	7	$\frac{1}{11}$
8	10	54	32	8	$\frac{2}{11}$
9	16	21	49	9	$\frac{3}{11}$
10	21	49	5	10	$\frac{4}{11}$
11	27	16	21	11	$\frac{5}{11}$

PROBLÈME Nº 8.

Une personne veut s'acquitter d'une dette de 65 fr. avec 25 pièces de 2 fr. et de 5 fr.
Combien en doit-elle donner de chaque sorte?

Raisonnement.

Soit x le nombre de pièces de 2 fr. qu'elle doit donner.

$25 - x$ sera le nombre de pièces de 5 fr. qu'elle donnera.

La somme payée en pièces de 2 fr. sera exprimée par $2 . x$ fr.

Et celle qui sera payée en pièces de 5 fr. sera exprimée par :

$$5 . (25 - x)$$

Le total de ces deux sommes est de 65 fr., de là cette équation :

$$2\,x + 5\,(25 - x) = 65$$

Résolvant cette équation, on trouve :

$$x = 20$$

Il y a donc 20 pièces de 2 fr. et $25 - 20 = 5$ pièces de 5 fr.

PROBLÈME N° 9.

Deux personnes ont : l'une 48 fr. l'autre 24 fr. La première augmente la somme qu'elle possède de 2 fr. par jour, la seconde de 3 fr. Dans combien de jours ces deux personnes auront-elles une même somme et à combien s'élèvera-t-elle ?

Raisonnement.

Soit x ce nombre de jours. La première personne ajoutant à la somme qu'elle possède, 2 fr.

par jour, aura ajouté $2 . x$ fr.; au bout de ce nombre de jours, elle possédera donc alors $48 + 2 . x$ fr.

La seconde personne ajoutant à ce qu'elle possède 3 fr. par jour, aura après ce temps (x) ajouté $3 . x$ fr., et la somme qu'elle possédera alors sera de $24 + 3 . x$ fr.

Or, ces deux sommes sont égales, ce qui conduit à cette équation :

$$48 + 2 x = 24 + 3 x$$

de laquelle on tire pour valeur de l'inconnue :

$$x = 24 \text{ jours}$$

Chacune de ces personnes aura donc, au bout de ces 24 jours, une somme représentée par l'expression $2 x + 48$, par exemple, ou 96 fr.

PROBLÈME N° 10.

Une fermière va au marché porter des œufs : à un 1ᵉʳ client elle vend la moitié de ses œufs, plus la moitié d'un œuf; à un 2ᵉ elle vend la moitié de ce qui lui reste, plus la moitié d'un œuf, et à un 3ᵉ la moitié de ce qui lui reste, plus un œuf; elle mange un œuf plus $\dfrac{1}{8}$, après quoi il ne lui reste rien.

Combien cette fermière avait-elle d'œufs en allant au marché?

Raisonnement.

Soit x le nombre d'œufs de cette fermière, lorsqu'elle vient au marché. A un 1er client elle vend la $\frac{1}{2}$ de ses œufs, plus la $\frac{1}{2}$ d'un, ou :

$$\frac{x}{2} + \frac{1}{2}$$

il lui reste donc :

$$x - \left(\frac{x}{2} + \frac{1}{2} \right)$$

En simplifiant, nous trouvons :

$$\frac{x-1}{2}$$

Elle vend à un 2e client la $\frac{1}{2}$ de ce reste, plus la $\frac{1}{2}$ d'un œuf, ou :

$$\frac{x-1}{2 \times 2} + \frac{1}{2}$$

il lui reste donc :

$$\frac{x-1}{2} - \left(\frac{x-1}{2 \times 2} + \frac{1}{2} \right)$$

En simplifiant on trouve pour 2e reste :

$$\frac{x-3}{4}$$

Elle vend à un 3e la $\frac{1}{2}$ de ce 2e reste, plus un œuf, ou :

$$\frac{x-3}{4 \times 2} + 1$$

il lui reste donc :

$$\frac{x-3}{4} - \left(\frac{x-3}{4 \times 2} + 1\right)$$

En simplifiant, on trouve pour 3ᵉ reste :

$$\frac{x-11}{8}$$

Après cela elle mange un œuf, plus $\dfrac{1}{8}$ d'œuf, et il ne lui reste plus rien. En retranchant un œuf $+ \dfrac{1}{8}$ du dernier reste, il reste 0, donc :

$$\frac{x-11}{8} - \left(1 + \frac{1}{8}\right) = 0$$

Équation de laquelle on déduit pour valeur de l'inconnue :

$$x = 20 \text{ œufs.}$$

Cette fermière avait donc 20 œufs en se rendant au marché.

PROBLÈME N° 11.

84 personnes se proposent de choisir 3 candidats : le premier a obtenu trois fois plus de voix que le dernier, qui cependant en a obtenu cinq fois plus que le deuxième.

Combien de voix chacun a-t-il obtenu ?

Raisonnement.

Soit x le nombre de voix qu'a obtenu le 2ᵉ candidat; le dernier en a obtenu cinq fois plus que lui, il a donc une majorité représentée par $5\,x$ voix.

Le premier en a obtenu trois fois plus que celui-ci, ou :

$$3.5\,x = 15\,x$$

La somme des voix obtenues par ces trois candidats est de 84.

Donc :

$$x + 5\,x + 15\,x = 84$$

d'où :

$$x = 4$$

Le 1ᵉʳ candidat a eu 4 voix.
Le 2ᵉ candidat en a $4 \times 5 = 20$ voix.
Le 3ᵉ candidat en a $20 \times 3 = 60$ voix.

PROBLÈME Nº 12.

Insérer entre deux nombres 20 et 36 un 3ᵉ nombre, tel que ses différences entre ces deux nombres soient dans le rapport de 1 à 3.

Raisonnement.

Soit x ce nombre, sa différence avec le premier 20 sera $20 - x$, et avec le second $36 - x$. Or, nous dit l'énoncé, ses différences sont entr'elles dans le rapport de 1 à 3, de là cette proportion géométrique.

$$20 - x : 36 - x :: 1 : 3$$

Faisant le produit des extrêmes et celui des moyens, on a :

$$(20 - x) 3 = 36 - x$$

Équation de laquelle on trouve :

$$x = 12$$

Le nombre 12 est celui qui vérifie l'énoncé.

PROBLÈME Nº 13.

Quatre nombres étant donnés : 7 . 4 . 17 et 11 ; de quelle quantité faut-il les augmenter pour qu'ils soient en rapports géométriques.

Raisonnement.

Soit x cette quantité. D'après l'énoncé, une fois chacun de ces nombres : 7 . 4 . 17 et 11, augmenté de cette quantité, ils se trouvent être en rapports géométriques, d'où cette proportion :

$$7 + x : 4 + x :: 17 + x : 11 + x$$

Faisant le produit des extrêmes et celui des moyens, on a :

$$(7 + x) (11 + x) = (4 + x) (17 + x)$$

Effectuons les multiplications dans cette équation :

$$77 + 18\,x + x^2 = 68 + 21\,x + x^2$$

Supprimons le terme commun aux deux membres x^2.

$$77 + 18\,x = 68 + 21\,x$$

d'où l'on tire :

$$x = 3$$

La constante que l'on doit ajouter aux nombres proposés est 3, alors on obtient cette proportion :

$$10 : 7 : : 20 : 14.$$

PROBLÈME N° 14.

Partager le nombre 21 en deux parties, telles que la différence de leurs carrés soit le nombre 189.

Raisonnement.

Soit x la plus petite partie du nombre, l'autre sera évidemment $21 - x$.

Les carrés respectifs seront :

$$x^2 \qquad \text{et} \qquad \overline{(21 - x^2)}^2$$

La différence entre ces carrés est 189, donc :

$$\overline{(21 - x)}^2 - x^2 = 189$$

Développons le carré du 1ᵉʳ terme $\overline{(21 - x)}^2$.

$$441 - 42\,x + x^2 - x^2 = 189$$

Simplifiant le premier membre.

$$441 - 42\,x = 189$$

Équation de laquelle on tire :

$$x = 6$$

L'une des parties du nombre 21 est donc 6 et l'autre $21 - 6 = 15$; ces deux parties conviennent à l'énoncé puisqu'elles le vérifient.

PROBLÈME N° 15.

Une personne engage un domestique pour un an et convient de lui donner 225 fr. pour ses gages, plus un habit de livrée; or, au bout de cinq mois, le domestique quitte cette personne, reçoit pour son salaire 50 fr., plus l'habit promis et se trouve acquitté. Quel était le prix de cet habit?

Raisonnement.

Soit x le prix de cet habit, le salaire annuel du domestique s'élève à 225 fr., plus x fr.

Au bout de cinq mois il quitte, reçoit 50 fr. et son habit, ou $50 + x$ fr. et se trouve acquitté; on est donc amené à tenir ce raisonnement :

En 12 mois le domestique reçoit $225 + x$ fr.

En 1 mois il recevra 12 fois moins ou $\dfrac{225 + x}{12}$.

Et en 5 mois, il recevra 5 fois plus ou $\left(\dfrac{225 + x}{12}\right) \times 5$.

Et cette somme est aussi exprimée d'un autre côté par $50 + x$, donc cette équation :

$$\left(\frac{225 + x}{12}\right) \times 5 = 50 + x$$

Effectuons la multiplication indiquée et faisons disparaître le dénominateur 12, et l'on aura :

$$1125 + 5x = 610 + 12x$$

Faisons passer $5x$ dans le second membre et 600 dans le premier.

$$1125 - 600 = 12x - 5x$$

Faisons les réductions.

$$525 = 7x$$

d'où :

$$\frac{525}{7} = x = 75 \text{ fr.}$$

L'habit de livrée revenait donc à 75 fr.

PROBLÈME N° 16.

Un marchand a du vin à 1^f,25 et à 2 fr. le litre ; il désire faire un mélange de 48 litres dont

le prix de revient soit de 1 fr. 50. Combien doit-il
en mettre de litres de chaque sorte?

Raisonnement.

Soit x le nombre litres à 1^f,25 que doit employer le marchand pour faire son mélange.

48 — x sera le nombre de litres à 2 fr., qu'il emploiera aussi pour ce mélange dont le prix de revient devra être de 1^f,50. Si ce marchand employait les 48 litres de vin à 1^f,25 au lieu de 1^f,50, il gagnerait 1.50 — 1.25 = 0^f,25 par litre en trop de ce qu'il doit gagner.

Si au contraire il employait les 48 litres à 2 fr. au lieu de 1^f,50, il perdrait par litre 2 — 150 = 0.50.

Donc, s'il prenait les 48 litres dans les deux cas pour faire le mélange, il se trouverait gagner 0^f,25 d'un côté et perdre 0^f,50 de l'autre, en trop de ce qui doit être; or, comme il faut qu'il ne gagne ni ne perde sur son mélange, il lui faudra donc prendre deux fois plus de litres à 1^f,25 qu'à 2 fr., puisque sa perte en plus par litre (0,50) est deux fois plus grande que son bénéfice (0,25) par litre.

Puisque x représente le nombre de litres à 1^f,25 et qu'il en faut deux fois plus à ce prix qu'à l'autre, on est mené à cette équation :

$$2 (48 — x) = x$$

dans laquelle la valeur de l'inconnue est :

$$x = 32 \text{ litres.}$$

Il faut donc, pour que le mélange soit convenable, que le marchand prenne :

32 litres de vin à $1^f,25$

et

$48 - 32 = 16$ litres à 2 fr.

PROBLÈME N° 17.

Deux courriers partent de deux points et se dirigent dans le même sens; le premier fait 8 kilomètres à l'heure, le second en fait 6; or, ce second a une avance de 80 kilomètres sur le premier.

Au bout de combien d'heures le premier aura-t-il rejoint le second et à quelle distance de son point de départ.

Raisonnement.

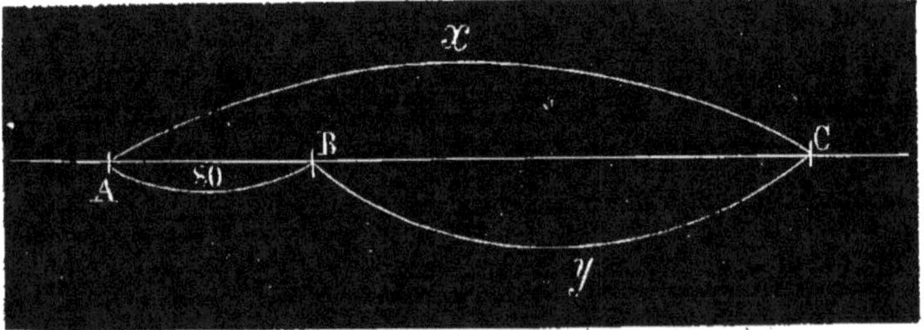

Fig. 1.

Soit x la distance qu'a à parcourir le premier courrier pour rejoindre le second, et y celle que doit parcourir le second avant d'être rejoint ; il est clair que le chemin parcouru par ce dernier, augmenté de son avance sur le premier, donne le chemin à parcourir par ce premier pour arriver au point de rencontre. De là cette équation :

$$y + 80 = x \qquad (1)$$

Le premier faisant 8 kilom. et le second 6 kilom. à l'heure, le nombre d'heures de chacun d'eux, écoulées avant la rencontre, sera exprimé par $\dfrac{x}{8}$ et $\dfrac{y}{6}$; or, ce nombre d'heures est le même dans les deux cas, d'où pour seconde équation on a :

$$\frac{x}{8} = \frac{y}{6} \qquad (2)$$

Ces deux équations résolues donnent pour valeurs des inconnues :

$$x = 320 \text{ kilomètres.}$$
$$y = 240 \text{ kilomètres.}$$

Le nombre d'heures dans les deux cas est exprimé par l'une des expressions $\dfrac{x}{8}$ ou $\dfrac{y}{6}$, ce qui fait 40 heures.

La rencontre a donc lieu après 40 heures de marche et à 320 kilom. du point de départ du premier courrier ?

PROBLÈME N° 18.

Un bâton plonge une partie de sa longueur dans l'eau et a une partie dans l'air. La première partie est à la seconde comme 2 : 3. Si l'on retire un mètre de sa longueur de l'eau, la première partie est à la seconde comme 4 : 5. De combien ce bâton plongeait-il dans l'eau la première fois et quelle était sa longueur totale ?

Raisonnement.

Soit x la partie plongeant dans l'eau et y celle étant dans l'air.

Ces deux parties sont entr'elles comme 2 : 3, donc pour première équation on a :

$$x : y : : 2 : 3$$

En faisant le produit des extrêmes et celui des moyens, on a :

$$3\,x = 2\,y \qquad (1)$$

Après avoir retiré un mètre de ce bâton de l'eau, la première partie, celle qui est dans l'air, a pour longueur $x + 1$ mètre, et l'autre aura $y - 1$ mètre ; ces deux parties sont dans le rapport de 4 à 5. De là on a pour seconde équation :

$$x + 1 : y - 1 : : 4 : 5$$

D'où on tire de suite :

$$(x+1)\,5 = (y-1)\,4 \qquad (2)$$

Faisant les multiplications indiquées.

$$5\,x + 5 = 4\,y - 4$$

Opérant les réductions.

$$5\,x - 4\,y = -9 \; (2\,a)$$

Ces deux équations (1) et (2 a) résolues, donnent pour valeurs des inconnues :

$$x = 9 \text{ mètres}$$
$$y = 13 \text{ mètres 50 centimètres.}$$

La longueur totale du bâton se compose des deux longueurs partielles ou de $9 + 1350 = 22$ mètres, 50 centimètres.

PROBLÈME N° 19.

Une personne a un certain capital qu'elle place, partie à 4 %, partie à 5 %. La partie à 4 est à celle à 5 comme 1 : 2. Les intérêts de ces deux parties s'élèvent à 280 fr. : 1° quel est le montant de ce capital ainsi que celui des intérêts ; 2° aurait-on intérêt à placer tout le capital à 4 ¹/₂ %.

Raisonnement.

Représentons par x la partie placée à 4 % et

par y celle qui est placée à 5 %. Ces deux parties sont entr'elles comme 1 : 2, donc on a :

$$x : y :: 1 : 2$$

d'où l'on tire :

$$2\,x = y \qquad (1)$$

L'intérêt de la première partie est représenté par $\dfrac{4\,x}{100}$, celui de la seconde partie est $\dfrac{5\,y}{100}$, ce qui est facile de s'en convaincre en disant :

100 fr. rapportent 4 fr. d'intérêt

1 fr. rapportera 100 fois moins ou $\dfrac{4}{100}$

et x fr. rapporteront x fois plus ou $\dfrac{4 \cdot x}{100}$

Le même raisonnement aurait lieu pour l'intérêt de l'autre partie.

Or, la somme de ces intérêts est de 280 fr., donc on a pour seconde équation :

$$\frac{4\,x}{100} + \frac{5\,y}{100} = 28\,o$$

En faisant disparaître les dénominateurs on a :

$$4\,x + 5\,y = 28000 \qquad (2)$$

En résolvant les deux équations (1) (2), on trouve :

$$x = 2000 \text{ fr.}$$

et

$$y = 4000 \text{ fr.}$$

Le capital placé est donc de :

$$2000 + 4000 = 6000 \text{ fr.}$$

Les valeurs des intérêts seront respectivement :

$$\frac{4\,x}{100} = \frac{4.2000}{100} = 80 \text{ fr.}$$

et

$$\frac{5\,y}{100} = \frac{5.4000}{100} = 200 \text{ fr.}$$

La somme de ces intérêts sera donc :

$$80 + 200 = 280 \text{ fr.}$$

En admettant que l'on place tout le capital à 4 $\frac{1}{2}$ %, il rapporterait :

$$\frac{4.5 \times 6000}{100} = 270 \text{ fr.}$$

au lieu de 280 fr. que nous avons dans le genre de placement précédent. Il y a donc désavantage à placer tout le capital à 4 $\frac{1}{2}$ %.

PROBLÈME N° 20.

Un lévrier poursuit un lièvre qui a 88 pas d'avance ; le lévrier fait 3 sauts quand le lièvre fait 5 pas. Or, 2 sauts valent 7 pas. Combien le lévrier devra-t-il faire de sauts pour atteindre le lièvre et combien celui-ci aura-t-il fait de pas avant d'être atteint ?

Raisonnement.

Soit x le nombre de sauts que devra faire le lévrier avant d'atteindre le lièvre, et y le nombre de pas que le lièvre fera avant d'être atteint; puisque le lièvre fait 5 pas quand le lévrier fait 3 sauts; ce rapport reste pendant tout le temps que durera la course, donc de là cette proportion :

$$y : x : : 5 : 3$$

D'où, en faisant le produit des extrêmes et celui des moyens, on a :

$$3\,y = 5\,x \qquad (1)$$

Le chemin parcouru par le lièvre est représenté par le chemin qu'il avait en avance, plus celui qu'il doit faire avant d'être atteint; ce chemin est donc exprimé par :

$$88 + y$$

Le chemin parcouru par le lévrier est représenté par x sauts. Transformons ces sauts en pas, nous aurons à tenir ce raisonnement :

2 sauts valent 7 pas

1 » vaudra $\dfrac{7}{2}$ pas

x » vaudront $\dfrac{7}{2} . x$ pas.

Donc, le chemin parcouru par le lévrier, transformé en prenant le pas du lièvre pour unité de comparaison, sera :

$$\frac{7\,x}{2}$$

Les deux chemins parcourus étant les mêmes, on obtient cette seconde équation :

$$88 + y = \frac{7\,x}{2} \qquad (2)$$

Les deux équations (1) (2), combinées l'une avec l'autre, donnent pour les valeurs des inconnues :

$$x = 48 \text{ sauts}$$
$$y = 80 \text{ pas.}$$

Le lévrier devra donc faire 48 sauts pour atteindre le lièvre, et celui-ci aura fait 80 pas avant d'être atteint.

PROBLÈME N° 21.

Partager le nombre 65 en parties proportionnelles aux nombres 4, 3 et 6.

Raisonnement.

Soit x la première partie, y la deuxième, la troisième sera la différence entre le nombre 65 et la somme des deux premières parties, ou :

$$65 - (x + y) = 65 - x - y$$

Ces trois parties étant proportionnelles aux nombres 4, 3 et 6.

D'après l'énoncé du problème on est naturellement amené à ces deux proportions :

$$x : y : : 4 : 3$$

et

$$y : 65 - x - y : : 3 : 6$$

De ces deux proportions on déduit :

$$3\,x = 4\,y \qquad (1)$$
$$6\,y = 195 - 3\,x - 3\,y \qquad (2)$$

L'équation (2) simplifiée devient :

$$9\,y = 195 - 3\,x\,(2\,a)$$

En résolvant le système des deux équations (1) et (2 a), on trouve :

$$x = 20$$
$$y = 15$$
$$z = 30$$

Les trois parties du nombre 65, proportionnelles aux nombres 4, 3 et 6, sont donc :

$$20,\ 15\ \text{et}\ 30.$$

PROBLÈME N° 22.

Une personne a un certain nombre de jetons dans chacune de ses mains : En faisant passer deux jetons de la main gauche dans la main droite, elle se trouve en avoir autant dans les deux mains ; si elle faisait passer, au contraire, 4 jetons de la main droite dans la gauche, elle aurait dans cette dernière, 7 fois plus de jetons que dans l'autre. Combien cette personne avait-elle de jetons dans chacune de ses mains ?

Raisonnement.

Soit x le nombre de jetons que cette personne a dans la main gauche, et y celui qu'elle a dans la main droite; en faisant passer deux jetons de la main gauche dans la main droite, elle se trouve en avoir autant dans les deux mains, de cette manière la main gauche n'a plus que $x - 2$ jetons, et la main droite en a $y + 2$, d'où cette équation :

$$x - 2 = y + 2 \qquad (1)$$

Si elle avait fait passer 4 jetons de la main droite dans la main gauche, cette dernière aurait $x + 4$ jetons, et l'autre en aurait $y - 4$; de cette manière, la main gauche a 7 fois plus de jetons que l'autre, d'où cette seconde équation :

$$x + 4 = 7 (y - 4) \qquad (2)$$

En résolvant ce système de deux équations, on trouverait :

$$x = 10$$

et

$$y = 6.$$

Cette personne avait donc dix jetons dans la main gauche et six dans la main droite.

PROBLÈME Nº 23.

Deux courriers partant en même temps de deux points, A et B, distants de 80 kilomètres. Le premier fait 6 kilomètres par heure, le second en fait 4. A quelle distance des points A et B se rejoindront-ils et après combien d'heures? La marche a lieu dans le même sens.

Raisonnement.

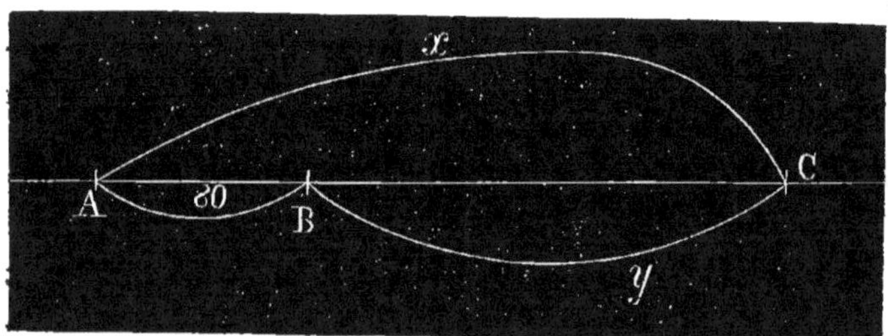

Fig. 2.

Soit x le nombre de kilomètres que doit faire le premier courrier pour rejoindre le second, et y celui que doit faire le second avant d'être rejoint.

Le premier faisant 6 kilom. à l'heure, le nombre d'heures qu'il lui faudra employer pour atteindre le point de rencontre sera exprimé par la frac-

tion $\dfrac{x}{6}$, car il est évident que faisant 6 kilom.
par heure et devant en faire x, autant de fois
6 seront contenus dans x, autant d'heures il
emploiera pour faire son chemin. Par un raisonnement semblable, le second courrier mettra un
nombre d'heures exprimé par la fraction $\dfrac{y}{4}$
pour faire son trajet; ce nombre d'heures étant
le même dans les deux cas, on a l'équation :

$$\frac{x}{6} = \frac{y}{4} \qquad (1)$$

La différence des chemins parcourus est de
80 kilomètres, donc pour seconde équation on a :

$$x - y = 80 \qquad (2)$$

Ces deux équations résolues donnent :

$$x = 240 \text{ kilom.}$$

et

$$y = 160 \text{ kilom.}$$

Donc le premier courrier devra parcourir 240 kilomètres pour atteindre le second qui aura dû
parcourir 160 kilom. avant d'être atteint.

Le nombre d'heures que chacun aura employées à faire son trajet sera exprimé par l'une
des expressions $\dfrac{x}{6}$ ou $\dfrac{y}{4}$, ce qui donne qua-
rante heures.

Ce problème n'est possible qu'autant que les courriers marchent dans le même sens, et que le premier va plus vite que le second.

PROBLÈME N° 24.

Un nombre se compose de 3 chiffres dont la somme de leur valeur absolue est 6. Le chiffre des dizaines est égal à la demi somme des deux autres ; de plus, en ajoutant 198 à ce nombre, on l'obtient renversé. Quel est-il ?

Raisonnement.

Soit x le chiffre des unités, y celui des dizaines et z celui des centaines.

La somme des valeurs absolues de ces chiffres est égale à 6, d'où pour première équation :

$$x + y + z = 6 \qquad (1)$$

Le chiffre des dizaines (y) est égal à la demi somme des deux autres ($x \cdot z$), donc on obtient cette deuxième équation :

$$y = \frac{x + z}{2} \qquad (2)$$

Le nombre considéré dans sa valeur relative est exprimé par :

$$100\,z + 10\,y + x$$

En ajoutant 198 à ce nombre on l'obtient renversé; on a donc pour 3ᵉ équation :

$$100\,z + 10\,y + x + 198 = 100\,x + 10\,y + z \qquad (3)$$

Supprimant le terme commun $10\,y$ dans cette dernière, on a :

$$100\,z + x + 198 = 100\,x + z$$

Faisons la réduction des termes semblables :

$$99\,z - 99\,x = -198$$

Divisons tous les termes par **99**.

$$z - x = -2 \qquad (4)$$

De cette équation on déduit :

$$z = x - 2$$

Dans l'équation (1) substituons la valeur de y qui est dans la (2).

$$x + \frac{x+z}{2} + z = 6$$

Équation de laquelle on déduit :

$$x + z = 4$$

Additionnons cette dernière avec l'équation (4).

$$2\,z = 2$$

d'où :

$$z = \frac{2}{2} = 1$$

On trouverait pour les valeurs de x et de y :

$$x = 3$$

et

$$y = 2$$

Le chiffre des unités est 3.
Celui des dizaines est 2.
Celui des centaines est 1.
Le nombre formé est donc le nombre 123.

PROBLÈME N° 25.

Deux nombres impairs consécutifs sont tels que la différence de leurs cubes est 98.
Quels sont ces nombres?

Raisonnement.

Résolvons ce problème à une inconnue, représentons par x le plus grand des deux nombres; puisqu'ils sont impairs et consécutifs, le plus petit de ces nombres sera donc le plus grand diminué de deux unités, ou $x - 2$. Le cube du premier sera x^3 et le cube du second sera $(\overline{x - 2})^3$. La différence de ces cubes est 98, donc :

$$x^3 - (\overline{x - 2})^3 = 98$$

Développons le cube du second terme.

$$x^3 - (x^3 + 12\,x - 6\,x^2 - 8) = 98$$

Effectuons la soustraction indiquée.

$$x^3 - x^3 - 12\,x + 6\,x^2 + 8 = 98$$

Simplifions le premier membre.

$$6\,x^2 - 12\,x = 90$$

Divisons tous les termes par 6.

$$x^2 - 2\,x = 15$$

Équation complète du second degré à une inconnue.

Rendons les deux membres carrés parfaits en
ajoutant le carré de la moitié du coefficient de
x à la 1re puissance.

$$\overline{(x - 1)}^2 = 15 + 1^2 = 16$$

Extrayons la racine carrée aux deux membres.

$$x - 1 = \pm \sqrt{16} = \pm 4$$

d'où :

$$x = 1 \pm 4 = 5$$

ou :

$$x = -3$$

Le plus petit nombre sera donc :

$$y = 5 - 2 = 3$$

ou :

$$y = -3 - 2 = -5.$$

Ce problème est donc susceptible de deux solutions : l'une positive dans laquelle les nombres

14

sont 5 et 3; l'autre négative dans laquelle les nombres sont — 3 et — 5. La solution positive seule convient à l'énoncé.

PROBLÈME N° 26 (Voir n° 28).

Un commandant veut disposer un régiment composé de 1,856 personnes en bataillon carré à centre vide, de façon qu'il y ait quatre rangs de chaque côté. Combien y aura-t-il d'hommes à chaque rang ?

Raisonnement.

Représentons par x ce nombre d'hommes. Le carré étant considéré à centre plein, il y aurait x^2 hommes en tout ; mais il n'y a que quatre rangs, en retranchant de x^2 l'expression $\overline{(x-8)}^2$ qui représente le nombre d'hommes que contiendrait un carré à centre plein, ayant à son côté x — 8 hommes, on obtient l'équation suivante :

$$x^2 - (\overline{x-8})^2 = 1856$$

Développant le carré du second terme.

$$x^2 - (x^2 - 16\,x + 64) = 1856$$

Faisant la soustraction indiquée.

$$x^2 - x^2 + 16\,x - 64 = 1856$$

Opérant la réduction des termes semblables.

$$16\,x = 1920$$

d'où :

$$x = \frac{1920}{16} = 120.$$

Ce commandant devra donc placer 120 hommes à chaque rang.

PROBLÈME N° 27.

Un jardinier ayant planté des arbres en carré plein, a un arbre en trop, alors il met un arbre de plus à chaque côté afin que la forme carrée existe toujours, et il se trouve avoir 14 arbres en moins. Combien ce jardinier a-t-il d'arbres ?

Raisonnement.

Soit x le nombre d'arbres qu'il y a au côté du carré, x^2 sera le nombre d'arbres renfermés dans ce carré, le jardinier a alors 1 arbre en trop, donc le nombre qu'il a est représenté par cette expression :

$$x^2 + 1$$

Or, il met 1 arbre de plus à son côté de carré, le nombre devient alors à $\overline{(x + 1)}^2$; d'après cette disposition il a 14 arbres en moins, ce nombre d'arbres se trouve donc représenté aussi par

$\overline{(x+1)}^{2}$ — 14, et comme le nombre est le même dans les deux cas, on est naturellement conduit à cette équation :

$$x^2 + 1 = \overline{(x+1)}^{2} - 14$$

Développant le carré de $x + 1$, on a :

$$x^3 + 1 = x^2 + 2x + 1 - 14$$

Simplifiant :

$$2x = 14$$

d'où :

$$x = 7$$

Ce jardinier avait donc 7 arbres au côté du carré, le nombre d'arbres qu'il a en tout est donné par l'une des expressions formant l'équation :

$$x^2 + 1$$

ou :

$$\overline{(x+1)}^{2} - 14$$

ce qui donne 50 arbres.

PROBLÈME N° 28.

Le problème n° 26 peut être encore résolu de cette manière :

Raisonnement.

Représentons par x le nombre d'hommes qu'il y a à la première rangée horizontale formant le carré à centre vide; la dernière rangée horizontale de ce carré renferme aussi x hommes.

La 1re rangée verticale renferme donc $x - 2$ hommes, il en est de même de la dernière rangée verticale.

Le nombre d'hommes contenu dans le 1er rang de ce carré est donc de :

$$2x + (x - 2)\,2$$

La 2e rangée horizontale ainsi que l'avant-dernière, renfermeront chacune $x - 2$ hommes, et chacune des rangées verticales, seconde et avant-dernière rangée, renfermera $x - 4$ hommes; le nombre d'hommes contenu dans le 2e rang de ce carré est donc de :

$$(x - 2)\,2 + (x - 4)\,2$$

Par un raisonnement semblable, on trouverait que le 3e rang renfermerait un nombre d'hommes exprimé par :

$$(x - 4)\,2 + (x - 6)\,2$$

Et le 4e et dernier rang en renfermerait :

$$(x - 6)\,2 + (x - 8)\,2$$

Le nombre d'hommes contenu dans ces quatre rangs formant carré est de 1,856, on a donc cette équation :

$$2x + (x - 2)\,2 + (x - 2)\,2 + (x - 4)\,2 + (x - 4)\,2$$
$$+ (x - 6)\,2 + (x - 6)\,2 + (x - 8)\,2 = 1856.$$

Les multiplications effectuées et la réduction des termes semblables étant faite, on trouve :

$$16\,x = 1920$$

d'où :

$$x = 120 \text{ hommes}$$

Ce commandant devra donc placer 120 hommes à chaque côté du 1er rang formant le carré à centre vide.

Chaque côté du second rang en aura 120 — 2 ou 118.

Chaque côté du 3e rang en aura 120 — 4 = 116.

Et chaque côté du 4e rang en aura 120 — 6 = 114.

PROBLÈME N° 29.

Une personne achète un cheval une certaine somme ; peu de temps après elle vend ce cheval 24 louis ; à ce marché elle perd autant pour 100 que le cheval lui a coûté. Combien cette personne a-t-elle acheté ce cheval ?

Raisonnement.

Représentons par x le nombre de louis que le cheval coûte.

Sur 100 louis, elle perd ce que le cheval lui a coûté, ou x louis.

Sur un louis elle perdra 100 fois moins ou

$\dfrac{x}{100}$, et sur x louis ou sur le prix d'achat, elle perdra x fois plus.

$$\frac{x}{100} \cdot x = \frac{x^2}{100}$$

Cette perte est aussi représentée par le prix d'achat du cheval, diminué de son prix de vente, ou $x - 24$; et comme les deux pertes sont égales on a cette équation :

$$\frac{x^2}{100} = x - 24$$

Faisant disparaître le dénominateur 100.

$$x^2 = 100\,x - 2400$$

ou :

$$x^2 - 100\,x = -2400$$

Rendons les deux membres carrés parfaits dans cette équation du second degré.

$$(\overline{x - 50})^2 = -2400 + (\overline{50})^2 = 100$$

Extrayant la racine carrée.

$$x - 50 = \pm 10$$

d'où :

$$x = 50 \pm 10 = 60 \text{ ou } 40 \text{ louis.}$$

Ce problème est susceptible de deux réponses, toutes deux positives, satisfaisant à son énoncé ; ou cette personne a acheté le cheval 60 louis ou elle l'a acheté 40 louis.

PROBLÈME N° 30.

Trouver la base du système de numération dans lequel le nombre 245 est exprimé par le nombre 203 du système décimal.

Raisonnement.

Soit x le nombre formant la base de ce système, les centaines, les dizaines et les unités seront représentés par x^2, x et 1. Or, le nombre 245 de ce système inconnu, ramené dans le système décimal, vaut 203 unités. Dans le système dont nous cherchons la base, le nombre 245 qui en fait partie a pour valeur relative :

$$2\,x^2 + 4\,x + 5$$

laquelle valeur égale 203, d'où, d'après l'énoncé, on a l'équation :

$$2\,x^2 + 4\,x + 5 = 203$$

ou :

$$2\,x^2 + 4\,x = 198$$

Et en divisant par 2.

$$x^2 + 2\,x = 99$$

Équation du second degré n'admettant qu'une réponse positive qui est 9.

La base du système de numération dans lequel le nombre 245 est représenté par 203 dans le système décimal est donc 9.

Il est bon de remarquer, pour résoudre ces problèmes des bases de numération, de se rappeler : *Que tout nombre du système décimal qui est représenté dans un système d'une base plus faible, diminue dans sa valeur relative et augmente dans une base supérieure à 10.*

PROBLÈME N° 31.

Plusieurs droites non parallèles et situées dans un même plan, ne pouvant être plus de deux concourantes au même point, se rencontrent en 15 points. Combien y a-t-il de droites ?

Raisonnement.

Représentons par x le nombre de ces droites ; une droite rencontrant les autres donne $x - 1$ points d'intersection ; or, comme il y a x droites, il y a donc x fois plus de points d'intersections, ou :

$$(x - 1)\, x.$$

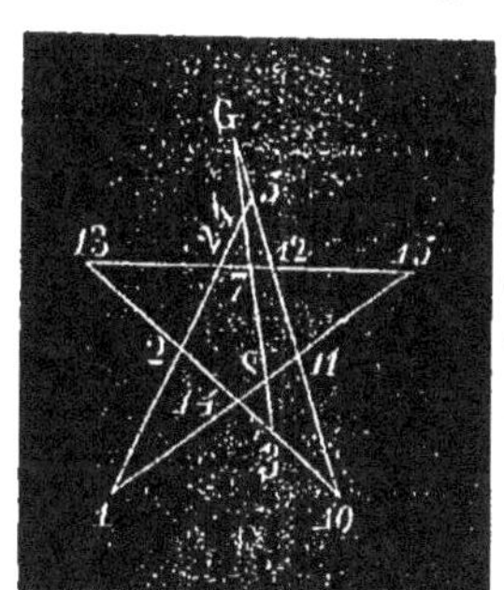

Fig 3

Donnant le tracé de ces 6 droites.

Mais un point d'intersection se trouve à la fois sur deux droites, le nombre réel de ces points se trouve donc exprimé par l'expression :

$$\frac{(x - 1)\, x}{2}$$

Et comme il y en a 15, on a cette équation :

$$\frac{(x-1)\,x}{2} = 15$$

Équation de laquelle on déduit :

$$x = 6.$$

Il y a donc 6 droites, qui étant disposées suivant l'indication de l'énoncé, donnent au maximum 15 points d'intersection. La figure ci-contre indique cette disposition.

PROBLÈME N° 32.

On veut partager 120 fr. entre un certain nombre de personnes ; or, quatre d'entr'elles venant à partir, la part de chacune de celles qui restent se trouvent ainsi augmentée de 8 fr. Combien y a-t-il de partageants ?

Raisonnement.

Soit x le nombre de personnes présentes ; comme il y a 120 fr. à partager, la part de chacune est donc $\dfrac{120}{x}$; mais 4 venant à partir, il en reste donc $x - 4$; la part de chacune augmente de 8 fr., elle devient donc égale à

$\dfrac{120}{x} + 8$, et d'un autre côté elle est aussi égale

à $\dfrac{120}{x-4}$, de là cette équation :

$$\frac{120}{x} + 8 = \frac{120}{x-4}$$

En faisant disparaître les dénominateurs.

$$120\,x + 8\,x^2 - 480 - 32\,x = 120\,x$$

En simplifiant.

$$8\,x^2 - 32\,x = 480$$

Et en divisant par 8.

$$x^2 - 4\,x = 60$$

Équation du second degré, qui étant résolue, donne pour valeurs de l'inconnue :

$$x = 10 \quad \text{et} \quad x = -6.$$

La quantité négative, quoique vérifiant l'équation, ne peut être admise à cause de l'énoncé du problème.

Il y avait donc 10 personnes présentes tout d'abord, mais 4 d'entre elles étant venues à partir, il restait donc 6 partageants.

PROBLÈME N° 33.

Partager le nombre 25 en 2 parties, telles que les quotients obtenus en divisant la 1re partie par la seconde et celle-ci par la 1ʳᵉ, soient entr'eux comme $8 : \dfrac{1}{2}$.

Raisonnement.

Représentons par x la 1ʳᵉ partie, la seconde sera $25 - x$; admettons que x soit la plus grande partie.

En divisant la 1ʳᵉ partie par la seconde, on obtient pour quotient :

$$\frac{x}{25 - x}$$

En divisant la seconde par la 1ʳᵉ, on a :

$$\frac{25 - x}{x}$$

Ces deux quotients sont entr'eux dans le rapport de 8 à $\dfrac{1}{2}$.

De là cette proportion :

$$\frac{x}{25 - x} : \frac{25 - x}{x} : : 8 : \frac{1}{2}$$

Faisant le produit des extrêmes et celui des moyens.

$$\frac{x}{50 - 2x} = \frac{200 - 8x}{x}$$

Faisant disparaître les dénominateurs.

$$x^2 = (50 - 2x)(200 - 8x)$$

Effectuant la multiplication du second membre.

$$x^2 = 10000 - 800\,x + 16\,x^2$$

Simplifiant, il vient :

$$15\,x^2 - 800\,x = -10000$$

Divisons tous les termes par 5.

$$3\,x^2 - 160\,x = -2000$$

Divisons tous les termes par 3.

$$x^2 - \frac{160}{3}\,x = -\frac{2000}{3}$$

Rendons les deux membres carrés parfaits.

$$\left(x - \frac{80}{3}\right)^2 = -\frac{2000}{3} + \left(\frac{80}{3}\right)^2 = \frac{-6000 + 6400}{9}$$

d'où :

$$\left(x - \frac{80}{3}\right)^2 = \frac{400}{9}$$

Extrayons la racine carrée aux deux membres.

$$x - \frac{80}{3} = \pm\sqrt{\frac{400}{9}} = \pm\frac{20}{3}$$

d'où :

$$x = \frac{80}{3} \pm \frac{20}{3} = \frac{100}{3} \qquad \text{ou} \qquad \frac{60}{3} = 20$$

Le plus grand nombre est donc 20.
Le plus petit sera $25 - 20 = 5$.

La seconde valeur de l'inconnue $\dfrac{100}{3}$, quoique positive, ne peut convenir à l'énoncé, puisque à elle seule, constituant une partie du nombre donné 25, elle est plus grande que le nombre lui-même.

PROBLÈME N° 35.

La surface d'un rectangle est de 250 mètres carrés; si l'on retranchait 1 mètre à la base et 2 mètres à la hauteur, la surface serait de 192 mètres carrés. Quelles sont les longueurs de ces côtés.

Raisonnement.

Représentons par x la base et par y la hauteur.

L'aire d'un rectangle est égale au produit de sa base par sa hauteur; or, cette aire est de 250 mètres carrés, donc on a pour 1re équation :

$$x\,y = 250 \qquad (1)$$

En retranchant 1 et 2 mètres aux deux dimensions de ce rectangle, on obtient respectivement pour base du nouveau rectangle $x - 1$ mètre, et pour hauteur $y - 2$ mètres, la surface devient alors de 192 mètres carrés.

On a donc pour seconde équation :

$$(x - 1)\,(y - 2) = 192 \qquad (2)$$

Effectuons le produit du 1er membre.

$$x\,y - y - 2\,x + 2 = 192$$

Substituant l'équation (1) à cette dernière.

$$250 - y - 2\,x + 2 = 192$$

Faisons la réduction des termes semblables et changeant tous les signes.

$$2\,x + y = 60$$

d'où :

$$y = 60 - 2\,x$$

L'équation (1) nous donne :

$$y = \frac{250}{x}$$

Deux quantités $(60 - 2\,x)$ et $\left(\dfrac{250}{x} \right)$ égales à une 3e (y) sont égales entr'elles, donc :

$$60 - 2\,x = \frac{250}{x}$$

Faisant disparaître le dénominateur.

$$60\,x - 2\,x^2 = 250$$

Divisant tous les termes par 2 et changeant les signes.

$$x^2 - 30\,x = -125$$

Equation du second degré résolue, donne :

$$x = 25^m \qquad et \qquad x = 5^m$$

base du rectangle, la hauteur égale :

$$\frac{250}{25} = 10^m \qquad et \qquad \frac{250}{5} = 50^m.$$

Les deux dimensions de ce rectangle sont donc la base égale 25 mètres et la hauteur 10 mètres, ou la base égale 5 mètres et la hauteur 50 mètres. Ce problème a deux solutions positives satisfaisant son énoncé.

PROBLÈME N° 36.

La surface d'un triangle rectangle est de 150 mètres carrés, et son périmètre est de 60 mètres. Quelles sont les valeurs de ces côtés ?

Raisonnement.

Soit x la base de ce triangle *(un des côtés de l'angle droit)*, et y sa hauteur *(l'autre côté de l'angle droit)*.

La surface d'un triangle étant égale au demi produit de la base par la hauteur, et cette surface étant de 150 mètres carrés, on a pour première équation :

$$\frac{x\ y}{2} = 150 \qquad (1)$$

Or, dans un triangle rectangle, la somme des carrés des deux côtés de l'angle droit est égale au carré de l'hypothénuse (*3ᵉ côté du triangle*), donc on a $x^2 + y^2 = z^2$, en appelant z cette hypothénuse.

Ajoutons $2\,x\,y$ aux 2 membres de cette précédente.

$$x^2 + y^2 + 2\,x\,y = z^2 + 2\,x\,y \quad (2)$$

Or, le 3ᵉ côté $z = 60 - x - y$, ou le périmètre moins les deux autres côtés.

Élevant au carré, on aurait :

$$z^2 = y^2 + x^2 + 2\,xy - 120\,y - 120\,x + 3600$$

Substituant cette valeur de z^2 dans l'équation (2).

$$x^2 + y^2 + 2\,x\,y = y^2 + x^2 + 2\,x\,y - 120\,y - 120\,x$$
$$+ 3600 + 2\,x\,y$$

Faisons les simplifications.

$$2\,x\,y - 120\,y - 120\,x = -3600$$

Et en divisant par 120.

$$\frac{x\,y}{60} - y - x = -30 \qquad (3)$$

Or, $x\,y = 300$ d'après l'équation (1), donc :

$$\frac{x\,y}{60} = \frac{300}{60} = 5$$

Substituant cette valeur dans l'équation (3), elle devient :

$$5 - y - x = -30$$

15

Simplifiant et changeant les signes, on aura :

$$y + x = 35$$

Or, l'équation (1) nous donne :

$$x = \frac{300}{y}$$

Substituons cette valeur dans cette dernière.

$$y + \frac{300}{y} = 35$$

ou :

$$y^2 + 300 = 35\,y$$

d'où :

$$y^2 - 35\,y = -300$$

Équation du second degré qui étant résolue, donne :

$$y = 20 \qquad \text{et} \qquad y = 15$$

Pour la première valeur de y on a :

$$x = \frac{300}{20} = 15$$

Et pour la seconde valeur de y on a :

$$x = 20$$

Donc, les trois dimensions de ce triangle sont :
La base égale 15 mètres ou 20 mètres; la hauteur égale 20 mètres ou 15 mètres, et l'hypothénuse égale 60 — (20 + 15) = 25 mètres.

PROBLÈME N° 37.

Le nombre 100 est partagé en deux parties telles, que la racine carrée de la racine cubique de la première partie est égale au $^1/_3$ de la racine carrée de la seconde.

Quelles sont ces parties ?

Raisonnement.

Soit x la première partie.

La seconde sera évidemment $100 - x$.

La racine carrée de la racine cubique de cette première partie égale le $^1/_3$ de la racine carrée de la seconde, on est donc amené à cette équation :

$$\sqrt{\sqrt[3]{x}} = \frac{1}{3}\sqrt{100 - x}$$

Équation se ramenant à la forme du 3e degré incomplète.

Élevons au carré les deux membres de cette équation.

$$\sqrt[3]{x} = \frac{100 - x}{9}$$

Pour simplifier cette dernière, en retirant son radical, faisons :

$$\sqrt[3]{x} = a$$

Élevant au cube, on a :

$$x = a^3$$

Substituant a et a^3 à $\sqrt[3]{x}$ et à x dans la dernière équation, on aura :

$$a = \frac{100 - a^3}{9}$$

Faisons disparaître le dénominateur.

$$9\,a = 100 - a^3$$

Faisant passer $- a^3$ dans le premier membre.

$$a^3 + 9\,a = 100$$

Prenons pour valeurs de a chacun des premiers nombres : 1, 2, 3, 4, etc., jusqu'à ce que a égalant l'un d'eux ; cette valeur étant substituée à l'inconnue dans l'équation $a^3 + 9\,a = 100$, on trouve une identité.

Ainsi, supposons $a = 1$, alors l'équation devient :

$$1 + 9 = 100$$

ce qui n'est pas.

Donc, la valeur de 1 attribuée à a est trop faible.

Si $a = 2$, l'équation devient :

$$8 + 18 = 100$$

d'où l'on voit que la valeur 2 est encore trop faible.

Lorsque $a = 3$, on a :

$$27 + 27 = 100$$

valeur de a encore trop petite.

Si $a = 4$, l'équation devient :

$$64 + 36 = 100 \qquad \text{ou} \qquad 100 = 100$$

Nous tombons dans une identité ; la valeur 4 attribuée à a est donc celle qui lui convient, donc on a :

$$a = 4$$

Si on faisait, par exemple, $a = 5$, on aurait $125 + 45 = 100$, ce qui nous ferait voir que la valeur de 5 serait trop forte.

Or, nous avons par hypothèse, fait :

$$x = a^3$$

Remplaçons a par son égal 4, on a :

$$x = 4^3 = 64$$

première partie du nombre 100.

La seconde est donc :

$$100 - 64 = 36$$

Les deux parties demandées sont donc :
1re partie, 64 ;
2e partie, 36.

Dans les problèmes donnant lieu à une équation incomplète du 3e degré. Pour résoudre cette équation, on la présente sous sa forme la plus simple possible, puis on opère par tâtonnements, en égalant l'inconnue à la première puissance à chacun des premiers nombres, jusqu'à ce que, remplaçant la valeur présumée de cette inconnue dans l'équation, et effectuant les calculs, on tombe sur une identité.

PROBLÈME N° 38.

Quel est le nombre composé de 2 chiffres, tel qu'en lui ajoutant la somme de ses chiffres, considérée dans leur valeur absolue, on obtienne ce nombre renversé.

Raisonnement.

Représentons par x le chiffre des unités de ce nombre, et par y celui de ses dizaines.

La valeur relative de ce nombre est donc représenté par :

$$10\,y + x$$

La somme de ces chiffres, considérée dans leur valeur absolue, est :

$$x + y$$

Et la valeur relative de ce nombre renversé, est :

$$10\,x + y .$$

L'énoncé nous mène donc à cette équation :

$$10\,y + x + x + y = 10\,x + y$$

Faisant la réduction des termes semblables.

$$10\,y - 8\,x = 0$$

Et divisant par 2.

$$5\,y - 4\,x = 0$$

d'où :

$$y = \frac{4}{5} \cdot x$$

Faisant $x = 0$ et remplaçant, on a :

$$y = 0$$

Ce qui ne peut être, car ce nombre ayant 0 pour valeur absolue de chacun de ses chiffres, n'existe pas, ou est nul.

Si $x = 1$, on a :

$$y = \frac{4}{5}$$

Ce qui ne peut être, car la valeur absolue d'un chiffre ne peut être fractionnaire dans la base de numération de notre système.

Si $x = 2$,

$$y = \frac{8}{5}$$

Ce qui ne saurait exister pour la même raison.

Si $x = 3$,

$$y = \frac{12}{5}$$

En faisant $x = 4$, on a :

$$y = \frac{16}{5}$$

Et si $x = 5$, on a :

$$y = 4$$

Valeurs compatibles avec l'énoncé.

Le nombre demandé est donc exprimé par 45 unités.

PROBLÈME N° 39.

On a deux nombres tels que 8 fois la racine cubique du second forment un produit égal au produit du carré du premier nombre par sa racine carrée; et le carré de ce premier égal le quotient du second par le premier.

Quels sont ces nombres ?

Raisonnement.

Soit x le premier nombre et y le second.

En suivant l'ordre de l'énoncé du problème, on est immédiatement conduit aux deux équations suivantes :

$$8 \sqrt[3]{y} = x^2 \sqrt{x} \qquad (1)$$

$$x^2 = \frac{y}{x} \qquad (2)$$

De cette dernière, on tire :

$$x^3 = y$$

et

$$x = \sqrt[3]{y}$$

Substituons cette valeur de $\sqrt[3]{y}$ dans l'équation (1), on aura :

$$8\,x = x^2 \sqrt{x} \qquad (3)$$

Pour plus de simplification, en supprimant le signe $\sqrt{\ }$, nous ferons :

$$\sqrt{x} = a$$

Élevant au carré.

$$x = a^2$$

Élevant encore au carré.

$$x^2 = a^4$$

Substituant ces valeurs dans l'équation (3), on a :

$$8\,a^2 = a^4 . a = 8\,a^5$$

Divisons les deux termes par a^2.

$$8 = a^3$$

D'où, extrayant la racine cubique, on a :

$$\sqrt[3]{8} = a \qquad \text{ou} \qquad a = 2$$

Or :

$$x = a^2 \quad \text{ou} \quad x = 2^2 = 4$$

et

$$y = x^3 \quad \text{ou} \quad y = 4^3 = 64$$

Les deux nombres demandés sont donc :
Premier nombre, 4; second, 64.

PROBLÈME N° 40.

Un nombre de 2 chiffres est tel, que la somme de la racine carrée du chiffre des dizaines et du chiffre de ses unités, égale le produit de 1 unité 25 centièmes par le chiffre de ses unités.

Si à ce nombre on ajoute le produit de ses deux chiffres, plus celui des dizaines, on l'obtient renversée.

Quel est ce nombre ?

Raisonnement.

Représentons par x le chiffre des unités de ce nombre, et par y celui des dizaines. Le nombre sera représenté alors par $10\,y + x$, dans sa valeur relative ; ce nombre renversé sera :

$$10\,x + y$$

Suivant l'énoncé du problème, on est conduit aux deux équations suivantes :

$$\sqrt{y} + x = 1{,}25\,x \qquad (1)$$
$$10\,y + x + xy + y = 10\,x + y \qquad (2)$$

Simplifiant la dernière équation.

$$10\,y - 9\,x + x\,y = 0$$

d'où :

$$10\,y + x\,y = 9\,x$$

Mettant y en facteur commun.

$$y\,(10 + x) = 9\,x$$

Divisant les deux membres par $10 + x$.

$$y = \frac{9\,x}{10 + x} \qquad (3)$$

De l'équation (1), on déduit :

$$\sqrt{y} = 1.25\,x - x = 0,25\,x = \frac{x}{4}$$

Élevant au carré.

$$y = \frac{x^2}{4^2}$$

Cette nouvelle équation avec l'équation (3) nous permet d'écrire :

$$\frac{9\,x}{10 + x} = \frac{x^2}{4^2}$$

Réduisant au même dénominateur.

$$144\,x = 10\,x^2 + x^3$$

Divisons tous les termes par x :

$$144 = 10\,x + x^2$$

Ou intervertissant l'ordre des membres.

$$x^2 + 10\,x = 144$$

Équation du second degré, qui étant résolue, donne pour valeur positive de l'inconnue :

$$x = 8$$

Substituant cette valeur dans l'équation (3), on a :

$$y = \frac{9 \times 8}{10 + 8} = \frac{72}{18} = 4.$$

Le nombre est donc exprimé par 48 unités.

PROBLÈME N° 41.

La racine carrée d'un nombre, diminuée de la racine cubique d'un autre nombre, donne un reste égal à la différence entre le premier et le second de ces nombres, et 2 fois la racine carrée du premier donnent un produit égal à 3 fois la racine cubique du second.

Quels sont ces nombres ?

Raisonnement.

Représentons par x le premier nombre et par y le second.

Leurs racines carrée et cubique seront respectivement.

$$\sqrt{x} \qquad \text{et} \qquad \sqrt[3]{y}$$

D'après l'énoncé, on est conduit à ces deux équations :

$$\sqrt{x} - \sqrt[3]{y} = x - y \qquad (1)$$

et

$$2\sqrt{x} = 3\sqrt[3]{y} \qquad (2)$$

Multiplions tous les termes de l'équation (1) par 3.

$$3\sqrt{x} - 3\sqrt[3]{y} = 3x - 3y$$

Substituons dans cette dernière $3\sqrt[3]{y}$ par son égal $2\sqrt{x}$, et nous aurons :

$$3\sqrt{x} - 2\sqrt{x} = 3x - 3y$$

En simplifiant.

$$\sqrt{x} = 3x - 2y$$

D'où l'on tire :

$$3x - \sqrt{x} = 3y \qquad (3)$$

De l'équation (2), on déduit :

$$\sqrt[3]{y} = \frac{2\sqrt{x}}{3}$$

En élevant au cube :

$$y = \frac{8x\sqrt{x}}{27}$$

Multipliant les deux membres par 3.

$$3 y = \frac{8 x \sqrt{x}}{9}$$

Substituant cette valeur dans l'équation (3).

$$3 x - \sqrt{x} = \frac{8 x \sqrt{x}}{9}$$

Équation à une inconnue du troisième degré. Pour simplifier autant que possible cette équation, nous allons opérer de la manière suivante.

Faisons :

$$x = a^2$$

alors :

$$\sqrt{x} = a$$

Substituons les nouvelles valeurs de l'inconnue dans la dernière équation.

$$3 a^2 - a = \frac{8 a^2 . a}{9}$$

Faisant disparaître le dénominateur, on a :

$$27 a^2 - 9 a = 8 a^3$$

Divisons tous les termes par a :

$$27 a - 9 = 8 a^2$$

ou :

$$8 a^2 - 27 a = - 9$$

Équation qui n'est plus que du second degré à une inconnue.

Divisons-en tous les termes par 8.

$$a^2 - \frac{27}{8}\,a = -\frac{9}{8}$$

Rendons les deux membres carrés parfaits.

$$\left(a - \frac{27}{16}\right)^2 = -\frac{9}{8}\left(\frac{27}{16}\right)^2$$

Effectuant les calculs du second membre.

$$\left(a - \frac{27}{16}\right)^2 = -\frac{9}{8} + \frac{729}{16^2} = \frac{441}{16^2}$$

Extrayons la racine carrée aux deux membres.

$$a - \frac{27}{16} = \pm\sqrt{\frac{441}{16^2}} = \pm\frac{21}{16}$$

d'où :

$$a = \frac{27}{16} \pm \frac{21}{16}$$

Dans le premier cas, la valeur de a est **3**.

Dans le second cas, elle est de $\dfrac{3}{8}$.

Alors on a pour valeurs de x :

$$x = a^2 = 3^2 = 9$$

et

$$x = \frac{3^2}{8^2} = \frac{9}{64}$$

Les valeurs de y seront :

$$y = \frac{8\,x\sqrt{x}}{27} = \frac{72 \times 3}{27} = 8$$

et

$$y = \frac{8 \times 9 \times 3}{64 \times 8 \times 27} = \frac{1}{64}$$

Ce problème a donc deux solutions positives qui conviennent à l'énoncé, car les nombres peuvent être aussi considérés comme étant entiers ou fractionnaires.

Ces nombres sont :

Le premier est 9 et le second 8.

Ou encore :

Le premier $\dfrac{9}{64}$, le second $\dfrac{1}{64}$.

PROBLÈME No 42.

Deux nombres impairs consécutifs sont tels que la différence de leurs cubes est 98. Quels sont ces nombres ?

Raisonnement.

Résolvons ce problème à deux inconnues; représentons par x le plus grand des deux nombres et par y le plus petit.

Le plus grand est égal au plus petit, augmenté de 2 unités; puisque ces nombres sont impairs et consécutifs, on a donc pour première équation :

$$x = y + 2 \qquad (1)$$

La différence de leurs cubes est 98. Donc, pour seconde équation, on a :

$$x^3 - y^3 = 98 \qquad (2)$$

Dans l'équation (2), remplaçons x par sa valeur $y + 2$.

$$\overline{(y + 2)}^3 - y^3 = 98$$

Développons le cube de $y + 2$.

$$y^3 + 6\,y^2 + 12\,y + 8 - y^3 = 98$$

Simplifions l'expression :

$$6\,y^2 + 12\,y = 90$$

Divisant par 6, on a :

$$y^2 + 2\,y = 15.$$

Résolvant cette équation, on trouve pour valeur de l'inconnue :

$$y = 3$$

La valeur négative — 5 ne saurait convenir à l'énoncé.

La valeur du plus grand nombre sera donc :

$$x = 3 + 2 = 5$$

PROBLÈME N° 43.

Une personne achète 10 couteaux d'une 1re sorte; 5 d'une 2e et 1 d'une 3e pour la somme de 66 fr.

16

8 couteaux de la 1ʳᵉ sorte ; 4 de la 2ᵉ, et 6 de la 3ᵉ pour 58 fr.

Quel est le prix de revient du couteau dans chacune de ces trois sortes?

Raisonnement.

Soit x le prix de revient du couteau de la 1ʳᵉ sorte.

Soit y celui de la 2ᵉ sorte.

Soit z celui de la 3ᵉ sorte

L'énoncé nous conduit à ces deux équations :

$$10\,x + 5\,y + z = 66 \qquad (1)$$
$$8\,x + 4\,y + 6\,z = 58 \qquad (2)$$

Nous tombons donc sur un problème indéterminé, puisqu'il y a une équation de moins que le nombre d'inconnues.

Nous allons résoudre ce système d'équations, d'après la règle donnée sur les équations indéterminées.

Multiplions chaque terme de l'équation (1) par 6, nous aurons :

$$60\,x + 30\,y + 6\,z = 396$$

Retranchons l'équation (2) de cette dernière.

$$52\,x + 26\,y = 338$$

Divisant tous les termes par 26.

$$2\,x + y = 13$$

d'où :

$$y = 13 - 2\,x \qquad (3)$$
$$z = 66 - (10\,x + 5\,y)$$

valeur tirée de l'équation (1).

Dans l'équation (3), faisons :

$$x = 0 \quad \text{alors} \quad y = 13 \quad \text{et} \quad z = 1$$

Si on fait :

$$x = 1 \quad \text{»} \quad y = 11 \quad \text{»} \quad z = 1$$
$$x = 2 \quad \text{»} \quad y = 9 \quad \text{»} \quad z = 1$$
$$x = 3 \quad \text{»} \quad y = 7 \quad \text{»} \quad z = 1$$
$$x = 4 \quad \text{»} \quad y = 5 \quad \text{»} \quad z = 1$$
$$x = 5 \quad \text{»} \quad y = 3 \quad \text{»} \quad z = 1$$
$$x = 6 \quad \text{»} \quad y = 1 \quad \text{»} \quad z = 1$$

Ce problème a donc six réponses positives et réelles satisfaisant toutes à son énoncé.

PROBLÈME N° 44.

On a deux nombres tels que le cube du premier est au cube du second, comme leur produit est à leur somme, plus 5 unités, et la différence entre le premier et le second est égale au second.

Quels sont ces nombres ?

Raisonnement.

Représentons par x le plus grand et en même temps le premier de ces nombres, et par y le second.

L'énoncé nous conduit aux équations suivantes :

$$x^3 : y^3 :: xy : x+y-5 \qquad (1)$$

et

$$x - y = y \qquad (2)$$

De la proportion, on déduit, en faisant le produit des extrêmes et celui des moyens :

$$(x+y-5)\, x^3 = y^3 \times xy \quad (1\,a)$$

Or, on a $x = 2\,y$ seconde donnée de l'énoncé. Remplaçons x par son égal dans l'équation (1 a).

$$(2\,y + y - 5)\, (\overline{2\,y})^3 = y\,3 \times 2\,y \times y$$

Effectuant tous les calculs.

$$24\,y^4 - 40\,y^3 = 2\,y^5$$

Divisons tous les termes par y^3, on aura :

$$24\,y - 40 = 2\,y^2$$

et en permutant :

$$2\,y^2 - 24\,y = -40$$

Divisant par 2 :

$$y^2 - 12\,y = -20$$

Équation ramenée au second degré dans laquelle les valeurs des inconnues sont $y = 10$ et $y = 2$, c'est-à-dire toutes deux réelles et positives, on a $2\,y = x$.

D'où les valeurs réelles et positives de x seront 20 et 4.

Les deux nombres jouissant des propriétés de l'énoncé sont donc :

Le premier, 20;

Le second, 10.

Ou encore ces deux autres :

Le premier, 4; et le second, 2.

PROBLÈME N° 45.

Trois nombres sont en progression géométrique croissante; la différence entre le deuxième et le premier est égale à 6, et la différence entre les deux derniers est de 24.

Quels sont ces nombres ?

Raisonnement.

Soit x le premier de ces nombres, y le second et z le troisième.

Puisque ces trois nombres sont en progression géométrique croissante.

La raison de la progression est égale au quotient du second par le 1er de ces nombres, ou encore au quotient du 3e par le 2e, d'où pour équation première on a :

$$\frac{y}{x} = \frac{z}{y} \qquad (1)$$

L'énoncé du problème nous donne les deux autres équations suivantes :

$$y - x = 6 \qquad (2)$$
$$z - y = 24 \qquad (3)$$

Des équations dernières on déduit :

$$x = y - 6$$

et

$$z = 24 + y$$

L'équation (1) nous donne, en faisant disparaître les dénominateurs :

$$y^2 = x\,z$$

Remplaçant x et z par les égaux trouvés plus haut, nous avons :

$$y^2 = (y - 6)\,(24 + y)$$

Effectuant la multiplication du second membre.

$$y^2 = 18\,y + y^2 - 144$$

En simplifiant, on a :

$$18\,y = 144$$

d'où :

$$y = \frac{144}{18} = 8$$

La valeur de x est donnée par :

$$x = y - 6 = 8 - 6 = 2$$

Celle de z est de :

$$24 + y = 24 + 8 = 32$$

Les trois nombres en progression géométrique croissante sont donc :

$$2 : 8 : 32.$$

PROBLÈME N° 46.

On a un triangle rectangle dans lequel l'hypothénuse est de 50 mètres de longueur, et la perpendiculaire abaissée de l'angle droit sur cette hypothénuse mesure 24 mètres.

Quelles sont les longueurs des deux autres côtés ?

Raisonnement.

Appelons x l'un des côtés de l'angle droit, y l'autre côté et z l'hypothénuse.

La surface du triangle rectangle est égale au demi produit des côtés de l'angle droit, ou encore au demi produit de l'hypothénuse par la perpendiculaire qui lui est abaissée de l'angle droit. On a donc pour première équation :

$$\frac{x\,y}{2} = \frac{50 \times 24}{2}$$

Ou supprimant le dénominateur 2 commun aux deux membres.

$$xy = 50 \times 24 = 1200 \qquad (1)$$

Dans un triangle rectangle, la somme des carrés des côtés de l'angle droit égale le carré de l'hypothénuse; donc pour seconde équation on a :

$$x^2 + y^2 = z^2 \qquad (2)$$

Multiplions l'équation (1) par 2.

$$2\,x\,y = 2400$$

Ajoutons cette dernière avec l'équation (2).

$$x^2 + y^2 + 2\,x\,y = z^3 + 2400 = 50^2 + 2400$$

Or, le premier membre est le carré de la somme de deux nombres :

$$\overline{(x + y)}^2$$

Extrayant la racine carrée aux deux membres, on a :

$$x + y = \sqrt{4900} = 70$$

d'où :

$$x = 70 - y$$

L'équation (1) nous donne :

$$x = \frac{1200}{y}$$

Donc, on peut écrire :

$$70 - y = \frac{1200}{y}$$

Faisant disparaître le dénominateur y.

$$70\,y - y^2 = 1200$$

Et en changeant les signes.

$$y^2 - 70\,y = -1200$$

Équation du second degré qui donne :

$$y = 40 \quad \text{et} \quad y = 30 \text{ mètres}$$

L'autre côté :

$$x = 70 - 40 = 30$$

et

$$x = 70 - 30 = 40 \text{ mètres}$$

Les deux côtés de l'angle droit sont donc :
Le premier égal 30 mètres, et le second égal 40 mètres ou *vice versa*.

PROBLÈME N° 47.

La surface d'un rectangle est de 600 mètres carrés et son périmètre est de 110 mètres.

Quelles sont les dimensions de sa base et de sa hauteur ?

Raisonnement.

Appelons x la base et y la hauteur de ce rectangle.

La surface d'un rectangle étant égale au produit de sa base par la hauteur, on a pour équation :

$$x\,y = 600 \qquad (1)$$

Or, le périmètre se compose de 2 fois la base, plus 2 fois la hauteur, donc :

$$2\,x + 2\,y = 110 \qquad (2)$$

Ou en divisant par 2.

$$x + y = 55 \quad (2\,a)$$

Les équations (1) et (2 a) nous donnent chacune :

$$x = \frac{600}{y}$$

et

$$x = 55 - y$$

D'où l'on peut écrire :

$$\frac{600}{y} = 55 - y$$

D'où l'on a :

$$600 = 55\,y - y^2$$

Et en changeant les signes.

$$- 600 = - 55\,y + y^2$$

Équation du second degré qui donne :

$$y = 40 \qquad \text{et} \qquad y = 15$$

alors :

$$x = 15 \qquad \text{et} \qquad x = 40$$

Les dimensions de ce rectangle sont :
La base égale 40 mètres ;
La hauteur égale 15 mètres ;
Ou la base égale 15 mètres ;
Et la hauteur égale 40 mètres.

PROBLÈME N° 48.

Les surfaces de deux carrés sont entr'elles comme 9 : 4, et leur somme est de 208 mètres carrés.

Quelle est la valeur du côté de chacun de ces carrés ?

Raisonnement.

Soit x le côté du plus grand carré et y celui du second carré.

Les surfaces seront respectivement x^2 et y^2, et nous aurons les deux équations suivantes :

$$x^2 : y^2 : : 9 : 4 \qquad (1)$$
$$x^2 + y^2 = 208 \qquad (2)$$

La proportion (1) nous donne l'équation :

$$9\,y^2 = 4\,x^2$$

Et en extrayant la racine carrée aux deux membres de l'équation :

$$3\,y = 2\,x$$

d'où :

$$y = \frac{2\,x}{3}$$

L'équation (2) nous donne :

$$y^2 = 208 - x^2$$

d'où :

$$y = \sqrt{208 - x^2}$$

Donc on obtient cette combinaison :

$$\frac{2\,x}{3} = \sqrt{208 - x^2}$$

Élevant au carré les deux membres.

$$\frac{4\,x^2}{9} = 208 - x^2$$

d'où :

$$4\,x^2 = 1872 - 9\,x^2$$

et

$$13\,x^2 = 1872$$

D'où, divisant par 13.

$$x^2 = \frac{1872}{13} = 144$$

Extrayant la racine carrée.

$$x = \sqrt{144} = 12 \text{ mètres}$$

La valeur du côté du plus grand carré est donc de 12 mètres.

Celle du côté de l'autre carré sera :

$$y = \frac{2\,x}{3} = \frac{2 \times 12}{3} = 8 \text{ mètres.}$$

PROBLÈME N° 49.

Diviser une droite de 25 mètres de longueur en moyenne et extrême raison.

Raisonnement.

Diviser une droite en moyenne et extrême raison, c'est la diviser en deux parties telles, que le carré de la plus grande soit égale au produit de la plus petite par la ligne droite entière.

Représentons donc la plus grande partie de la droite par x, l'autre sera évidemment $25 - x$, et nous aurons l'équation suivante :

$$x^2 = (25 - x)\, 25$$

Effectuant la multiplication du second membre.

$$x^2 = 625 - 25\, x$$

d'où :

$$x^2 + 25\, x = 625$$

Équation du second degré donnant :

$$x = 15^m,44$$

L'autre partie est donc de :

$$25 - 15.44 = 9^m,56$$

Ces valeurs ne sont qu'approximatives; en généralisant ce problème, nous verrons que les valeurs de x ne sauraient jamais être des nombres entiers exacts.

Par la raison que dans cette valeur, il rentre la racine carrée de 5, nombre incommensurable. Au surplus, nous allons généraliser le problème : *Diviser une droite a en moyenne et extrême raison.*

Appelons x la plus grande partie, l'autre sera $a - x$, et nous aurons cette équation :

$$x^2 = (a - x)\, a$$

Effectuant la multiplication.

$$x^2 = a^2 - ax$$

ou :

$$x^2 + ax = a^2$$

Rendons les deux membres carrés parfaits.

$$\overline{\left(x + \frac{a}{2}\right)}^2 = a^2 + \overline{\left(\frac{a}{2}\right)}^2 = \frac{4\,a^2 + a^2}{4} = \frac{5\,a^2}{4}$$

Extrayons la racine carrée aux deux membres.

$$x + \frac{a}{2} = \pm \sqrt{\frac{5\,a^2}{4}} = \pm \frac{a}{2}\,\sqrt{5}$$

d'où :

$$x = -\frac{a}{2} \pm \frac{a}{2}\,\sqrt{5} = \frac{a\left(-1 \pm \sqrt{5}\right)}{2}$$

PROBLÈME N° 50.

Trouver sur une ligne droite A B, *un point* C *également éclairé par deux lumières* D *et* E, *dont les intensités sont représentées par* a *et* b, *connaissant les perpendiculaires* A D, B E.

Raisonnement.

Pour résoudre ce problème, on se rappellera ce principe de physique : L'intensité de la lumière

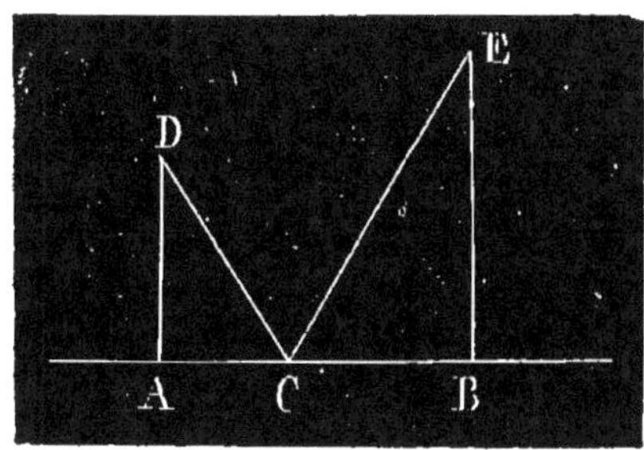

Fig. 4.

est en raison inverse du carré de la distance du point lumineux au point éclairé.

Or, les distances des points lumineux au point éclairé C sont représentées par les droites D C et E C, on a donc ce rapport :

$$\frac{a}{\overline{DC}^2} = \frac{b}{\overline{EC}^2}$$

Or, D C² est le carré de l'hypothénuse du triangle rectangle A D C, et est donc égal à la somme des carrés des deux autres côtés, de même pour E C²; on a donc les égalités suivantes :

$$\overline{DC}^2 = \overline{AD}^2 + \overline{AC}^2$$

et

$$\overline{EC}^2 = \overline{EB}^2 + \overline{CB}^2$$

Pour simplifier les calculs, supposons que :

$$\overline{AD}^2 = m^2 \qquad et \qquad \overline{EB}^2 = n^2$$

Faisons :

$$AC = x; \ AB = p$$

alors :

$$CB = p - x$$

Les égalités précédentes deviennent alors, en faisant les substitutions :

$$\overline{DC}^2 = m^2 + x^2$$

et

$$\overline{EC}^2 = n^2 + (\overline{p - x})^2$$

Dans la proportion précédente, remplaçons $\overline{DC}^2 + \overline{EC}^2$ par leurs égaux ci-dessus trouvés, et l'on aura :

$$\frac{a}{m^2 + x^2} = \frac{b}{n^2 + (\overline{p-x})^2} = \frac{b}{n^2 + p^2 - 2\,px + x^2}$$

Faisant disparaître les dénominateurs, on aura :

$$an^2 + ap^2 - 2\,apx + ax^2 = bm^2 + bx^2$$

Ou en faisant passer les termes en x dans le premier membre et les autres dans le second.

$$a x^2 - b x^2 - 2\,a p x = b m^2 - a n^2 - a p^2$$

Mettons x^2 en facteur commun.

$$(a - b)\, x^2 - 2\,a p x = b m^2 - a n^2 - a p^2$$

Or, le second membre est connu, comme se composant de termes connus. Faisons donc pour simplifier encore :

$$b m^2 - a n^2 - a p^2 = \pm c$$

Nous aurons en remplaçant :

$$(a - b)\, x^2 - 2\,a p x = \pm c$$

Équation du second degré donnant :

$$x = \frac{a p}{a - b} \pm \sqrt{\frac{\pm c\,(\overline{a - b}) + a^2 p^2}{(\overline{a - b})^2}}$$

ou :

$$x = \frac{a p}{a - b} \pm \frac{\sqrt{\pm c\,(\overline{a - b}) + a^2 p^2}}{a - b} = \frac{a p \pm \sqrt{\pm c\,(\overline{a - b}) + a^2 p^2}}{a - b}.$$

ÉQUATIONS ET PROBLÈMES DONNÉS EN EXERCICES.

N° 1. — Additionner les deux polynones suivants :

$$20\,a^3\,b^4 + 10\,a^4\,b^2 - 15\,a^5\,b$$

et

$$30\,a^3\,b^4 - 8\,a^4\,b^2 - 6\,a^5\,b.$$

N° 2. — Faire l'addition suivante :

$$50\,a^4\,b^2 - 10\,a^3\,b^4 + 8\,a^4\,b^2$$

et

$$7\,a^3\,b^4 + 6\,a^5\,b - 7\,a^4\,b^2.$$

N° 3. — Additionnez :

$$8\,x^4 - \frac{2}{3}\,x^3 - 4\,x^2 + \frac{7}{8}\,x - 3\frac{7}{9}\,x^2 - \frac{3}{4}\,x^4 + \frac{7}{8}\,x^3 - 15\frac{3}{4}\,x^2 - \frac{9}{4}\,x.$$

N° 4. Soustraire le polygone :

$$9\,a^5\,b^4\,c^2 + 7\,a^4\,b^3\,c - 13\,a^3\,b^2 - 9\,a + \frac{7}{8}$$

du polynone :

$$15\,a^5\,b^4\,c^2 - 8\,a^4\,b^3\,c + 7\,a^3\,b^2 - 4\,a^2\,b + 10\,a - 7.$$

N° 5. — Opérer la soustraction suivante :

$$\left(\frac{7}{8}\,a^3\,b - \frac{3}{4}\,c^2\,d^4 + \frac{5}{6}\,a^2\,b^2 - 8\frac{3}{4}\,c^4\,d\right) -$$
$$\left(10\frac{9}{12}\,a^3\,b + 7\frac{1}{8}\,c^2\,d^4 - 2\frac{3}{4}\,a^2\,b^2 + 7\,c^4\,d\right).$$

N° **6.** — Multiplier.

$(a^3 - 5\,ab^4 + 6\,c^3 d - 2\,a + 5\,a^2 b)$ par $(a^3 - 2\,ab - 4\,c^2 d)$.

N° **7.** — Multiplier.

$\overline{(x+y)}^2 - (a+b)(a-b)$ par $\overline{(x^3 - y)}^2 + \overline{(a - b)}^3$.

N° **8.** — Diviser.

$$(a^4 + b^4) \quad \text{par} \quad a - b.$$

N° **9.** — Faire les divisions suivantes :

$(20\,a^4 b^3 - 6\,a^3 b^2 + 4\,a^2 b)$ par $(2\,a^3 b^2 - 3\,a^2 b + 8\,a)$.

N° **10.**

$$(21\,x^2 y^3 - 16\,xy) \quad \text{par} \quad x + y.$$

N° **11.**

$$\overline{(a+b)}^4 - a^3 - b^2 \quad \text{par} \quad \overline{(a-b)}^2 - a + b.$$

N° **12.**

$$(4\,x^2 y^4 - 6\,xy^3 + 20\,y^2 - 10) \quad \text{par} \quad \overline{(x-y)}^2.$$

N° **13.** — Simplifier les expressions.

$$16\,a^{10} b^6 x^3 - 15\,a^9 b^5 x^2 - \frac{3}{4}\,a^8 b^4 x -$$
$$(9\,a^{10} b^6 x^3 + 7\,a^9 b^5 x^2 - \frac{4}{5}\,a^8 b^4 x).$$

N° **14.**

$$-\left(\frac{5}{9}\,x^4 b^3 c^2 + 8\,\frac{3}{7}\,x^3 b^2 c \right)$$
$$-\left(\frac{4}{3}\,x^4 b^3 c^2 - \frac{7}{9}\,x^3 b^2 c + \frac{7}{3}\,x^4 b^3 c^2 - \frac{4}{10}\,x^3 b^2 c \right).$$

N° 15.

$$\frac{a^3 - 3a + (a^2 - 1)\sqrt{a^2 - 4} - 2}{a^3 - 3a + (a^2 - 1)\sqrt{a^2 - 4} + 2}.$$

N° 16.

$$\frac{15625\,(a^8 b^4 - 7\,a^7 b^3 + 5\,a^6 b^2 - 21\,a^5 b + 15\,a^4}{625\,(a^5 b - a^4 b^2 + \dfrac{7}{8}\,a^3 b^3 + \dfrac{4}{3}\,a^4 b^4 - 9\,a^3}.$$

N° 17.

$$\frac{x^2 - a^2}{x + a}.$$

N° 18.

$$\frac{2\,xy + b^4 + y^2 + c^3 + x^2}{b\,(x + y)}.$$

Réduire les expressions suivantes en fractions ordinaires simplifiées.

N° 19.

$$\frac{\dfrac{x+y}{x-y} - \dfrac{x-y}{x+y}}{2 - \dfrac{x+y}{x-y}}.$$

N° 20.

$$\frac{\dfrac{1}{a+b} - 1}{1 + \dfrac{1}{a+b}} \quad : \quad \frac{\dfrac{1}{a} + \dfrac{1}{a+b}}{\dfrac{1}{a} - \dfrac{1}{a+b}}.$$

N° 21.

$$\frac{a - \dfrac{1}{b + \dfrac{1}{b - \dfrac{1}{a}}}}{}.$$

N° 22.

$$x + \dfrac{y}{x - \dfrac{1}{y}} \quad : \quad x - \dfrac{y}{x - \dfrac{1}{y}}.$$

N° 23.

$$\dfrac{\sqrt[3]{a^4} + \sqrt[3]{a^2\,b^2} - 2\sqrt[3]{a^3\,b}}{\sqrt[3]{a^4} + \sqrt[3]{a\,b^3} - \sqrt[3]{a^9\,b} - \sqrt[3]{b^4}}.$$

N° 24. — Que devient l'expression :

$$\dfrac{1 - bx}{1 + bx}\sqrt{\dfrac{1 + ax}{1 - ax}} \quad \text{lorsque} \quad x = \dfrac{1}{b}\sqrt{\dfrac{2b}{a} - 1}.$$

N° 25.

$$\dfrac{\dfrac{1}{x} - \dfrac{1}{y + z}}{\dfrac{1}{x} + \dfrac{1}{y + z}} \quad : \quad \dfrac{\dfrac{1}{y} - \dfrac{1}{x + z}}{\dfrac{1}{y} + \dfrac{1}{x + z}}.$$

N° 26. — Résoudre les équations suivantes :

$$\dfrac{x}{2} - \dfrac{x}{3} - \dfrac{x}{4} = 2x - 25.$$

N° 27.

$$\dfrac{a + b}{y - c} = \dfrac{a}{y - a} + \dfrac{b}{y - b}.$$

N° 28.

$$7x + 5y = 46$$
$$5y - 7x = 4.$$

N° 29.

$$5\sqrt{y} - 3\sqrt{x} = -2$$
$$25y - 9x = -44.$$

N° 30.

$$\frac{a}{x} + \frac{b}{y} = c$$
$$\frac{d}{x} + \frac{e}{y} = c'.$$

N° 31.

$$8\,x - 5\,y + 2\,z = 112$$
$$3\,x - 2\,y + z = 42$$
$$5\,y - 8\,x = -108.$$

N° 32.

$$x^2 + 25\,x = 84.$$

N° 33.

$$40\,x^2 - 30\,x = 100.$$

N° 34.

$$a\,x^2 - bx + c = 0.$$

N° 35.

$$\frac{3\,x^2}{4} - \frac{5\,x}{8} - 43 = 0.$$

N° 36.

$$\frac{5}{7}\,x^2 - \frac{3}{4}\,x + \frac{2}{3} = \frac{9}{8}\,x + 508\,\frac{2}{3}.$$

N° 37.

$$(x + a)\,(x - b)\,(x + 2\,b) = (x + a)\,(x - b)\,(x + c).$$

N° 38.

$$\frac{2}{x + a} + \frac{2}{x - a} = b.$$

N° 39.

$$\frac{1}{x - a} + \frac{1}{x - b} = \frac{1}{x - c}.$$

N° 40.
$$(x - 2)(x - 3)(x - 4) = 24.$$

N° 41.
$$\frac{8}{3(x-2)} - \frac{5}{2(x-1)} = \frac{17}{12}.$$

N° 42.
$$3x^4 - 2x^2 = 44.$$

N° 43.
$$3x^6 - 18x^3 = 48.$$

N° 44.
$$4\sqrt{x} - \frac{5}{\sqrt{x}} = x + \frac{3}{2}.$$

N° 45.
$$4\sqrt[3]{x} - \frac{20}{\sqrt[3]{x}} = 11.$$

N° 46.
$$2x^2 - 15 = 4\sqrt{x^2 + 12x - 20 - 6x}.$$

N° 47.
$$\left[\frac{x}{x+1}\right]^2 - \left[\frac{x}{x-1}\right]^2 = -\frac{25}{16}.$$

N° 48.
$$x^2 + \frac{1}{x^2} - 5\left[x - \frac{1}{x}\right] = \frac{-13}{4}.$$

N° 49.
$$x^2 + y^2 = 13 \qquad \text{et} \qquad x + y = 5.$$

N° 50.
$$x^2 + y^2 = 25 \qquad \text{et} \qquad x - y = 1.$$

N° 51.

$$x^2 + y^2 = 41 \qquad \text{et} \qquad x\,y = 20.$$

N° 52.

$$x^3 y + y^3 x = 32 \qquad \text{et} \qquad x + y = xy.$$

N° 53.

$$x + y + 3\sqrt{xy} = 22 \qquad \text{et} \qquad xy\,(x^2 + y^2) = 1088.$$

N° 54.

$$\frac{\sqrt{x}}{\sqrt{y}} - \frac{\sqrt{y}}{\sqrt{x}} = \frac{5}{6} \qquad \text{et} \qquad xy = 36.$$

N° 55.

$$x^2 + y^2 + z^2 = 14$$
$$3\,y^2 + 4\,x - 1 = 5\,xz$$
$$x\,(z - 1) = 4.$$

N° 56.

$$x^2 + y^2 + z^2 + t^2 = 30$$
$$x + t = 6$$
$$y + z = 4$$
$$2\,yz = xt - 2.$$

N° 57.

$$x^2 + y^2 - z^2 - t^2 = -20$$
$$x + y + z + t = 10$$
$$3\,x^2 = tz$$
$$\frac{x\,t}{y\,z} = \frac{8}{3}.$$

N° 58.

$$\sqrt{4\,y^3 x} + 3\sqrt{y x^3} = 252$$
$$3\sqrt{\frac{x}{y}} + 2\sqrt{\frac{y}{x}} = \frac{12}{\sqrt{xy}} + 5.$$

N° 59.

$$\frac{\sqrt{a.+x}}{\sqrt{a}+\sqrt{a+x}} = \frac{\sqrt{a-x}}{\sqrt{a}-\sqrt{a-x}}.$$

N° 60.

$$\frac{1}{x} + \frac{1}{y} = {}^5/_6$$
$$x^2 y + x y^2 = 30.$$

N° 61.

$$\frac{1}{x} - \frac{1}{y} = \frac{1}{6}$$
$$x^2 y - x y^2 = -6.$$

N° 62.

$$2\sqrt{x} + 3\sqrt{y} = 12$$
$$x - y = 5.$$

N° 63.

$$x^3 - y^3 = 19$$
$$x y (x + y = 30.$$

N° 64.

$$\frac{\sqrt{x}}{\sqrt{y}} + \frac{\sqrt{y}}{\sqrt{x}} = {}^5/_6$$
$$\frac{x y}{\sqrt{x y}} = 6.$$

N° 65.

$$\sqrt[2]{\sqrt[3]{\sqrt[4]{\sqrt[5]{x}}}} = a.$$

N° 66.

$$3\,x^6 - 2\,y^4 = 30$$
$$x^3 + y^2 = 17.$$

N° 67.

$$\frac{1}{1 - \sqrt{1 - a^2}} - \frac{1}{1 + \sqrt{1 - a^2}} = \frac{\sqrt{3}}{a^2}.$$

N° 68.

$$\sqrt{a + x} + \sqrt{b + x} + \sqrt{c + x} = \sqrt{d + x}.$$

N° 69.

$$x + \sqrt[3]{x} = 10.$$

N° 70.

$$x + y = 35 \quad \text{et} \quad \sqrt[3]{x} - \sqrt[3]{y} = 1.$$

N° 71. — La somme de deux nombres est 150, leur différence est les $^2/_3$ de leur somme. Quels sont ces nombres ?

N° 72. — Partager 70 fr. entre deux personnes, de manière que l'une d'elles ait autant de pièces de 5 fr. que l'autre de pièces de 2 fr.

N° 73. — Entre les $\dfrac{3}{4}$ et les $\dfrac{5}{6}$ du prix d'une marchandise, il existe une différence de 4 fr. Quel est ce prix ?

N° 74. — Quel nombre faut-il ajouter aux deux termes d'une fraction $\dfrac{5}{8}$, par exemple, pour qu'elle devienne égale à la fraction $\dfrac{3}{4}$?

N° 75. — Trois robinets versent de l'eau dans un bassin se vidant par un 4°; le 1er robinet remplirait ce bassin en 2 heures, le 2e en 3 heures, le 3e en 4 heures, le 4e le viderait en 6 heures. Le bassin étant vide, combien faudrait-il de temps à ces quatre robinets pour le remplir ?

N° 76. — A quelles heures les aiguilles d'une montre sont-elles à angle droit ?

N° 77. — A quelles heures les aiguilles d'une montre font-elles entr'elles un angle donne $(a = °)$?

N° 78. — La somme de deux nombres et 13, en retranchant 4 unités à chacun d'eux, leur rapport devient comme 2 : 3. Quels sont ces nombres ?

N° 79. — Les capacités de deux tonnes sont entr'elles comme 5 : 4. Après avoir retiré 50 litres dans la 1re et ajouté 100 litres dans la seconde, cette dernière en contient deux fois moins que la première. Quelles sont les capacités de ces tonnes ?

N° 80. — Trouver deux nombres dont la somme, la différence et le produit soient proportionnels aux nombres 3, 1 et 40.

N° 81. — Un père à 48 ans, son fils en a 18. Combien y a-t-il d'années que l'âge du père était triple de celui du fils ?

N° 82. — Un lévrier poursuit un lièvre qui a 80 pas d'avance. Le lièvre fait 3 pas pendant que le lévrier fait 2 sauts, mais 2 sauts valent 5 pas.

Combien le lièvre aura-t-il fait de pas avant d'être rejoint ?

N° 83. — Une personne a placé deux capitaux à intérêts simples : le 1er à 5 %, le second à 4 % ; au bout de 10 ans elle retire 15,500 fr. capitaux et intérêts : le 1er capital est au second comme 3 : 10 Quels sont ces capitaux et quel intérêt chacun d'eux a-t-il rapporté au bout de ce temps ?

N° 84. — On fait un alliage de 600 grammes d'argent au titre de 850 et x grammes d'argent au titre de 900, le litre de l'alliage étant de 0,880. Trouver la valeur de x.

N° 85. — Combien faut-il mêler de vin à 80 centimes et à 40 centimes le litre pour former un mélange de 400 litres, dont le prix de revient soit de 50 centimes le litre ?

N° 86. — La somme de 2 chiffres composant un nombre, considérée dans sa valeur absolue est 6 ; si on ajoute 18 à ce nombre, on l'obtient renversé. Quel est-il ?

N° 87. — Combien faut-il allier d'argent au titre de 800 et au titre de 840 pour composer un lingot de 6 kilos 500 grammes au titre de 820 ?

N° 88. — Un train n° 1, dont la vitesse est 72 kilomètres à l'heure, part de Rouen pour Paris une demi-heure après qu'un train, n° 2, faisant 30 kilomètres à l'heure a passé à Mantes. Or, sachant qu'il y a 50 kilomètres de Rouen à Mantes et 120 kilomètres de Rouen à Paris, on demande à quelle distance de Rouen aura lieu la rencontre et quand le train n° 1 arrivera à Paris. A quelle distance en sera encore le train n° 2 ?

N° 89. — Quelle est la fraction qui devient égale à $^4/_5$ lorsque l'on augmente ses deux termes de 5 unités, et à $^1/_2$ lorsqu'on les diminue de l'unité ?

N° 90. — En ajoutant 1 au numérateur d'une fraction elle devient égale à $^3/_4$, en retranchant 3 à son dénominateur elle égale l'unité. Quelle est cette fraction ?

N° 91. — Les diamètres respectifs d'une pièce de 2 francs et d'une pièce de 5 francs en argent sont 27 et 37 millimètres. Combien faut-il de chacune de ces pièces pour former la longueur du mètre, sachant qu'il y en a 30 en tout ?

N° 92. — J'ai deux fois l'âge que vous aviez, et quand vous aurez l'âge que j'ai, nous aurons à nous deux 120 ans. Quel âge ai-je ?

N° 93. — J'ai deux fois l'âge que vous avez, lorsque j'avais l'âge que vous avez et lorsque vous aurez l'âge que j'ai, nous aurons à nous deux 90 ans. Quel âge ai-je ?

N° 94. — Une personne a un certain nombre de jetons dans les deux mains, si elle en faisait passer un de la main droite dans la main gauche, elle se trouverait en avoir 3 fois plus dans cette main que dans l'autre, si au contraire, elle en faisait passer un de la gauche dans la droite, celle-ci en renfermerait 2 de moins que l'autre.

Combien cette personne a-t-elle de jetons dans chacune de ces mains?

N° 95. — Trouver deux nombres tels que leur différence soit le $\frac{1}{4}$ de leur somme et la $\frac{1}{50}$ partie de leur produit.

N° 96. — Un orfèvre à 3 lingots d'argent pesant ensemble 6^k,400 aux titres 0,800, 0,880 et 0,850; en alliant les deux premiers il obtient de l'argent au titre de 0,82 et en alliant les deux derniers, il en obtient au titre de 0,860. Combien pèse chaque lingot?

N° 97. — 6 kilog. de thé, 4 kilog. de chocolat et 2 kilog. de sucre valent ensemble 52 fr.; 3 kilog. de thé, 8 kilog. de chocolat et 1 kilog. de sucre valent 50 fr.; 7 kilog. de thé, 9 kilog. de chocolat et 10 kilog. de sucre valent 108 fr. Quel est le prix de revient du kilog. de chacune de ces substances?

N° 98. — La somme de deux nombres impairs consécutifs, plus la somme de leurs carrés, plus la différence de leurs cubes donnent 140. Quels sont ces nombres?

N° 99. — Un certain nombre N est le produit de trois nombres pairs consécutifs en le divisant successivement par chacun d'eux et en additionnant les quotients la somme est 44. Quel est ce nombre N?

N° 100. — Partager le nombre 25 en deux parties telle qu'en faisant la somme de leurs cubes, de leurs carrés et de leur différence on ait le nombre 5,169.

N° 101. — Une personne vend une pièce de calicot 81 fr., et une autre qui contient 10 mètres de plus pour 80 fr. Si elle avait vendu la première pièce au prix de la seconde et réciproquement, elle aurait vendu le tout 162 fr. Combien chaque pièce de calicot contient-elle de mètres.

N° 102. — Quel est le nombre qui, ajouté à sa racine carrée, donne pour somme 992?

N° 103. — Quel est le nombre qui, ajouté à sa racine cubique donne 15,650?

N° 104. — Plusieurs hommes et plusieurs femmes, au nombre de 42, travaillent dans une manufacture; un homme a 3 fr. de plus qu'une femme par jour et les hommes réunis gagnent 60 fr. par jour et les femmes autant. Combien y-a-t-il d'hommes et de femmes dans cette manufacture?

N° 105. — Un certain nombre de personnes dînent à une table et à frais communs; s'il y avait 2 personnes de moins et que chacune mit $0^f,75$ de plus, la dépense aurait été de 75 fr. S'il y avait 2 personnes de plus et que chacune mit $0^f,75$ de moins la dépense eut été de 54 fr. Combien y avait-il de personnes à table et quelle est la somme dépensée?

N° 106. — Trouver la base du système de numération dans lequel le nombre 171 du système décimal est représenté par le nombre 210.

N° 107. — Quelle est la base du système de numération dans lequel le nombre 677 du système décimal est représenté par le nombre 485?

N° 108. — Quelle est la base du système de numération dans lequel le nombre 89 du système décimal est représenté par 324?

N° 109. — Partager le nombre 29 en 3 parties telles que les racines carrées soient proportionnelles au nombre 1, 4 et $2\frac{1}{4}$.

N° 110. — Une personne ayant acheté un objet le revend $5^f,64$; à ce marché elle perd autant p. 100 que l'objet lui avait coûté. Quel prix a coûté cet objet?

N° 111. — Le produit de 3 nombres formant une progression géométrique continue est 10648 et leur somme est 77. Quelle est cette progression?

N° 112. — Trouver deux nombres tels que leur somme, plus leur produit soient 49, et la somme de leurs carrés moins leur somme, soit 84.

N° 113. — Partager le nombre 650 en 3 parties formant une progression géométrique continue, telle que la première partie soit le $\frac{1}{9}$ de la dernière.

N° 114. — Trouver la proportion continue dont le dernier terme soit 600 et la somme des termes 744.

N° 115. — Une fermière achète un certain nombre de bœufs pour 4,800 fr., elle en perd 4 par maladie et elle vend les autres 50 fr. de plus par tête qu'ils ne lui ont coûté ; à ce marché elle gagne 200 fr. Quel était le prix d'un bœuf ?

N° 116 — Une maîtresse charge sa cuisinière de lui acheter pour 1f,20 de pommes. Elle en achète pour ce prix mais elle en mange 4. Le prix de revient d'une pomme est de 0f,05 de plus qu'il ne devrait être. Combien cette cuisinière a-t-elle acheté de pommes ?

N° 117. — La différence de deux nombres ainsi écrits, 456 et 234 dans un système de numération inconnue s'écrit ainsi : 26 dans le système 6. Quelle est la base du premier système ?

N° 118. — Former une proportion géométrique continue sachant qu'il y a 4 termes, que la somme des extrêmes est 112, la somme des moyens est 48, et la somme des carrés des 4 termes est 13120.

N° 119. — Le produit de deux nombres écrits ainsi, 71 et 3 dans le système décimal, s'écrit ainsi 768 dans un système inconnu. Quelle est la base de ce système.

N° 120. — La somme de deux nombres multipliée par la somme de leurs carrés donne 5368. Leur différence multipliée par la différence de leurs carrés donne 88. Quels sont ces nombres ?

N° 121. — Lorsque l'on augmente les deux

côtés d'un rectangle de 5 mètres, sa surface devient 750 mètres carrés. Si l'on retranchait 5 mètres à chacun de ses côtés, sa surface serait à la surface réelle comme 3 : 5. Quelles sont les dimensions de ce rectangle ?

N° 122. — Le périmètre d'un triangle rectangle est 240 mètres, sa surface est de 2,400 mètres carrés. Quelles sont les longueurs de ces côtés ?

N° 123. — Quel est le nombre qui, ajouté à sa racine cubique donne 1342.

N° 124. — Lorsque l'on augmente la base d'un triangle de 3 mètres, sa surface devient égale à 168 mètres carrés. Lorsque l'on augmente sa hauteur de 3 mètres, la surface devient égale à 187 mètres carrés. Quelles sont les dimensions de la base et de la hauteur de ce triangle ?

N° 125. — Trouver un nombre tel que son carré soit à sa racine carrée comme $1 : \dfrac{1}{5}$.

N° 126. — Deux nombres sont tels que leurs racines carrées sont entr'elles comme 3 : 2. Quels sont ces nombres ?

N° 127. — On a une proportion telle que le produit des termes moyens est égale au 1er terme élevé à la cinquième puissance, le dernier de ces termes est égal au carré du 2e et leur somme est 30. Quelle est cette proportion ?

N° 128. — On a acheté 4 kilog. de sucre 2 kilog. de thé et 6 kilog. de chicorée pour 19 fr.

Le carré du prix du kilog. de sucre donne le prix du kilog. de thé et le prix du kilog. de chicorée, multiplié par celui du kilog. de thé donne le prix du kilog. de sucre. Quel est le prix du kilog. de chacune de ces marchandises ?

N° 129. — Trois chiffres composent un nombre; ces 3 chiffres sont en progression géométrique dont la raison est exprimée par le 1er chiffre de la progression; or, en ajoutant 594 à ce nombre on l'obtient renversé. Quel est-il?

N° 130. — Quelles dimensions doit-on donner à un rectangle pour que sa surface soit au carré de sa hauteur comme sa base est à 8. La base est égale à 6 fois la hauteur ?

N° 131. — Le produit de deux nombres composés chacun d'un chiffre est au produit de deux autres composés d'un chiffre comme 2 : 1. Le 1er nombre est le cube du 4e et ce 4e est égal au $\frac{1}{3}$ du 3e. Quels sont ces nombres ?

N° 132. — Un négociant achète : 4 kilog. de café de 1re qualité, 6 kilog. de 2e, 5 kilog. de 3e et 8 kilog. de 4e pour 75 fr.

10 kilog. de 1re, 9 kilog. de 2e, 5 kilog. de 3e, et 1 kilog. de 4e pour 103 fr.

11 kilog. de la 1re, 8 kilog. de la 2e, 4 kilog. de la 3e, et 6 kilog. de la 4e pour 111 fr. Quel est le prix de revient du kilog. de chacune de ces qualités de café ?

N° 133. — Une personne a un capital qu'elle place, partie à 3 °/₀, partie à 5 °/₀. Au bout de 5 mois, elle retire 250 fr. pour les intérêts de ces capitaux puis elle les replace tous les deux en donnant au premier le taux qu'avait l'autre et *vice versa*; au bout de 3 mois elle retire tant que capitaux qu'intérêts la somme de 16,170 fr. Quelle sont les valeurs de ces deux capitaux et la personne a-t-elle intérêt à garder le premier ou le second de ces placements?

N° 134. — Deux nombres pairs consécutifs sont tels que la différence de leurs cubes est 2648. Quels sont ces nombres ?

N° 135. — A quelles heures les aiguilles d'une montre font-elles entr'elles un angle de 60 degrés?

N° 136. — Trois nombres étant donné : 0 — 30 — 210. De quelle quantité faut-il les augmenter pour qu'ils forment une progression géométrique dont la raison soit le 1er terme?

N° 137. — Partager le nombre 540 en 2 parties telles que la somme de leurs carrés soit 146600.

N° 138. — La somme de 2 nombres, multipliée par leur produit donne 4320, et la différence de ces nombres multipliée par le quotient du plus grand par le plus petit donne 72. Quels sont ces nombres ?

N° 139. — Plusieurs droites non parallèles et situés dans un même plan ne pouvant se rencontrer en plus de 10 points et ne pouvant être ni plus de deux concurrants, forment un polygone régulier par leurs intersections. On demande le nombre de droites et le nom du polygone formé ?

N° 140. — Former une progression géométrique de 4 termes connaissant la somme (a) des termes et la différence (b) entre la somme des carrés des deux premiers termes et la somme des carrés des deux derniers.

N° 141. — La somme des 4 termes d'une progression géométrique est 170 et la différence entre la somme des carrés des deux premiers et la somme des carrés des deux derniers est 17340. Quelle est cette progression ?

N° 142. — Une progression géométrique de 4 termes est telle que la somme des extrêmes est 504 et la somme des moyens est 120. Quelle est cette progression ?

N° 143. — Plusieurs personnes jouent ensemble et conviennent que l'enjeu sera de 1 franc la partie faite; deux personnes se retirent, l'une avec 82 fr. de gain l'autre avec 8 fr. de perte ; or, la première a gagné 11 parties et la seconde deux. Combien y avait-il de joueurs et combien chacun a-t-il gagné de parties ?

N° 144. — Deux frères dissipent, l'un les $\frac{2}{3}$ de son bien l'autre les $\frac{3}{5}$ du sien, la somme de ce qui leur reste est 64,000 fr. et la différence de leurs dépenses est 4,400 fr. Quel est le bien de chacun ?

N° 145. — Une personne ayant des pièces de 5 fr. et de 2 fr. veut payer 68 fr. avec 19 de ces pièces. Combien doit elle en donner de chaque espèce ?

N° 146. — Une armée ayant été défaite a perdu $\frac{1}{3}$ de ses hommes à la bataille, $\frac{1}{4}$ par les maladies, $\frac{1}{6}$ a été fait prisonnier et il en reste 30,000. A combien d'hommes s'élevait cette armée ?

N° 147. — On devait partager 400 fr. entre un certain nombre de personnes, mais 3 nouveaux partageants arrivant sont cause que la part commune diminue de 30 fr. Quel était le nombre de personnes avant les nouveaux venus ?

N° 148. — Partager un nombre (a) en deux parties telles que la somme des quotients obtenus, en divisant la seconde partie par la première et *vice versa* soit égale à un nombre donné (b).

N° 149. — Plusieurs droites se rencontrent en 21 points et situées dans un même plan sont telles qu'il n'y en a pas de parallèle ni plus de deux concourants. Combien y en a-t-il.

N° 150. — Diviser une droite de 650 mètres de longueur en moyenne et extrême raison à $\frac{1}{1000}$ près.

N° 151. — Partager le nombre (a) en deux parties telles que la première soit à la seconde comme le nombre lui-même est à un nombre donné (b).

N° 152. — L'extrémité supérieure d'une échelle est éloignée de (a) mètre du faîte du mur sur lequel elle s'appuie et l'autre extrémité est distante du pied de ce mur de (b) mètres ; or, la hauteur totale du mur est à la longueur de l'échelle comme (c) est à (d). Quelle est la hauteur du mur et la longueur de l'échelle ?

N° 153. — On veut partager (a) francs entre un certain nombre de personnes (b) d'entr'elles se trouvent absentes ce qui fait que la part de chacune qui reste est augmentée de (c) francs. Combien doit il y avoir de partageants ?

N° 154. — Quelles sont les dimensions d'un rectangle dont la surface est (a) mètres carrés et la différence des côtés (b) mètres ?

N° 155. — On a un certain nombre de plans dont le rapport au nombre des points d'intersection est comme $a : b$; or, sachant qu'il n'y en a pas de parallèle ni plus de 3 concourants au même point. Trouver le nombre de ces plans.

N° 156. — Appliquer le problème précédent en admettant que $a = 1$ et $b = 26$.

N° 157. — Trouver les deux côtés de l'angle droit d'un triangle rectangle connaissant sa surface (a) mètres carrés et l'hypothénuse (b) mètres.

N° 158. — Appliquer le problème précédent lorsque $a = 2,400$ mètres carrés et $b = 100$ mètres.

N° 159. — Calculer la profondeur d'un puits sachant qu'il s'est écoulé (t) secondes entre le moment ou on a laissé tomber une pierre et le moment ou l'oreille a perçu le bruit fait par cette pierre en touchant le fond. On se rappellera les deux principes de physique suivants :

1° Le son se meut uniformément et parcourt en moyenne 333 mètres par seconde ;

2° L'espace parcouru par un corps pesant est proportionnel au carré du temps (t) écoulé depuis le commencement de la chute.

N° 160. — Quel nombre faut-il ajouter aux deux termes d'une fraction $\dfrac{a}{b}$ pour qu'elle soit égale à une fraction $\dfrac{c}{d}$?

N° 161. — Par quel nombre faut-il diviser les deux termes d'une fraction $\dfrac{a}{b}$ pour qu'elle égale une fraction $\dfrac{c}{d}$?

N° 162. — La somme des quatrièmes puissances de deux nombres entiers pairs et consécutifs est (a) unités. Trouver ces nombres.

N° 163. — Application du problème précédent lorsque $a = 272$.

N° 164. — Trouver la valeur de l'inconnue dans l'équation exponentielle suivante :

$$a^x = b.$$

N° 165. — Application du numéro précédent lorsque $a = 3$ et $b = 243$.

N° 166. — Trouver la valeur de l'inconnue dans l'équation logarithmique suivante :

$$\log. \sqrt{x} - \log \sqrt{a} = b.$$

N° 167. — Application lorsque $a = 5$ et $b = \dfrac{1}{2}$.

N° 168. — Trouver la valeur de l'inconnue dans l'équation suivante :

$$a \times b^x - \frac{c}{b^x} - d = 0.$$

N° 169. — Appliquez l'exemple précédent lorsque $a = 2$, $b = 3$, $c = 162$ et $d = 160$.

N° 170. — Il s'est écoulé (t) scondes entre le moment ou l'étincelle électrique a jailli de la nue et celui ou l'oreille a perçu le bruit du tonnerre. On demande à quelle hauteur du sol se trouve le nuage orageux ?

N° 171. — Il s'est écoulé (t) secondes pour constater l'apparition d'une étoile sur l'horizon. On demande sa distance à la terre ?

On se rappellera ce principe de physique. La lumière traverse l'espace avec une vitesse de

7,7000 lieues par seconde, cette vitesse est supposée uniforme.

N° 172. — Dans le cas où la lumière aurait mis 1 minute 24 secondes pour venir jusqu'à nous, appliquer le problème précédent.

N° 173. — Partager la surface d'un cercle de rayon R, en moyenne et extrême raison par une circonférence concentrique.

Il faut considérer deux cas :

1° La surface du cercle inconnue est la moyenne ;

2° La surface comprise entre les deux circonférences est la moyenne.

N° 174. — Appliquer ce problème précédent dans le cas où R = 100 mètres.

N° 175. — Connaissant la surface, la hauteur et la différence des carrés des bases d'un trapèze isocèle. Trouver les longueurs des côtés.

N° 176. — Trouver sur une droite, un point tel que ses distances respectives à deux points donnes A et B soient dans un même rapport que deux nombres donnés C et D.

N° 177. — Le quintuple d'un nombre, multiplié par la racine carrée de ce nombre, moins le triple produit de la racine quatrième du cube de ce nombre, donne pour reste 296. Quel est ce nombre ?

N° 178. — Quatre fois un nombre, plus trois fois sa racine carrée donnent pour somme 45. Quel est ce nombre ?

N° 179. — Généraliser le problème précédent.

N° 180. — Le produit de la 6ᵉ puissance d'un nombre par 7, diminué de 119 fois le cube de ce nombre, diminué de 1890 unités donne un reste 0. Quel est ce nombre ?

N° 181. — Résoudre l'équation suivante :

$$a^{x+2} + b^{x+1} = c.$$

N° 182. — Appliquer l'exemple précédent lorsque $a = 3\ b = 2\ c = 259$.

N° 183. — On a deux nombres dont la somme est 13 ; la somme de leurs racines carrées est égale aux $\dfrac{5}{6}$ de la racine carrée de leur produit. Quels sont ces nombres ?

N° 184. — Le cube d'un nombre multiplié par un autre nombre, plus le cube de ce second nombre multiplié par le premier, donne pour somme 290 et la somme de leurs carrés est 29. Quels sont ces nombres ?

N° 185. — Calculer les côtés d'un triangle rectangle connaissant la surface et le périmètre.

N° 186. — Même problème, connaissant le périmètre et le rapport des deux côtés de l'angle droit.

N° 187. — Même problème connaissant le périmètre et la somme des carrés des trois côtés.

N° 188. — Les trois angles d'un triangle sont

proportionnels aux nombres $a\,b$ et c. Quels sont ces angles ?

N° 189. — Appliquez l'exemple précédent lorsque $a = 12$ $b = 5$ et $c = 19$.

N° 190. — Le produit de la 4° puissance d'un nombre par le carré d'un autre nombre égale 729 unités, et la racine carrée de leur produit donne 3. Quels sont ces nombres ?

N° 191. — Généraliser le problème précédent.

N° 192. — On a plusieurs droites situées dans un même plan dont le rapport au nombre des points d'intersection est comme 2 : 5 ; or, sachant qu'il n'y en a pas de parallèles ni plus de deux concourant au même point. Trouver le nombre de ces droites ?

N° 193. — Généraliser le problème précédent.

N° 194. — Donnez une règle pratique pour passer d'un système de numération d'une base quelconque dans le système décimal.

N° 195. — Écrire le nombre 510138 du système 7 dans le système décimal.

N° 196. — Quelle est la valeur du nombre 45 système décimal dans le système dont la base est 7 ?

N° 197. — Trouver sur une droite qui joint deux lumières A et B d'intensités différentes a et b, un point C également éclairé par ces deux lumières.

N° 198. — Un lévrier poursuit un lièvre qui a

(*a*) pas d'avance. Le levrier fait (*b*) sauts quand le lièvre fait (*c*) pas ; or (*d*) sauts valent (*e*) pas. Combien le lévrier devra-t-il faire de sauts pour atteindre le lièvre ?

GÉNÉRALISER TOUS LES PROBLÈMES SUIVANTS, INTERPRÉTER LEURS VALEURS NÉGATIVES S'IL Y A LIEU.

Nº 199. — La somme de deux nombres est (*a*) leur différence est (*b*). Quelle est la valeur de chacun de ces nombres ?

Résoudre ce problème à une inconnue et à deux inconnues par les quatre méthodes d'élimination.

Nº 200. — La somme ou la différence de deux nombres est (*a*), leur produit est (*b*). Quelles sont les valeurs de ces nombres ?

Résoudre le problème à une et à deux inconnues.

Nº 201. — La somme ou la différence des carrés de deux nombres est (*a*) et leur produit est (*b*). Quelles sont les valeurs de chacun de ces nombres ?

Nº 202. — La surface d'un parallélogramme est (*a*) mètres carrés. Si l'on retranchait (*b*) mètres à la base et (*b'*) mètres à la hauteur, la nouvelle surface serait à la première dans le rapport de deux nombres donnés (c) et (c'). Quelles sont les dimensions de la base et de la hauteur de ce parallélogramme ?

N° 203. — Le quotient des aires de deux carrés est b et la somme des côtés de ces carrés est c mètres. Quel est le côté de chacun d'eux ?

N° 204. — La différence des cubes de deux nombres pairs consécutifs est (a). Quels sont ces nombres ?

N° 205. — Un marchand a du vin à (a) francs et à (b) francs le litre, il désire faire un mélange de (c) litres dont le prix de revient soit de (a') francs. Combien doit-il mettre de litres de chaque sorte ?

N° 206. — Une personne a un certain nombre de jetons dans chacune de ces mains, en faisant passer (a) jetons de la main gauche dans la main droite, elle se trouve en avoir autant dans les deux mains ; si elle faisait passer au contraire (a) jetons de la main droite dans la gauche, elle aurait dans cette dernière (b) fois plus de jetons que dans l'autre. Combien cette personne avait-t-elle de jetons dans chacune de ces mains ?

N° 207. — Insérer entre deux nombres (a) et (a') un 3° (b) tel que ces différences avec les deux premiers soient entr'elles dans un rapport donné $c : d$.

N° 208. — De quelle quantité faut il diminuer ou augmenter les quatres nombres (a) (b) (c) (d)

pour qu'ils soient en proportion géométrique ?

N° 209. — Une personne engage un domestique pour un an et convient de lui donner (a) francs pour ses gages, plus un habit de livrée.

Au bout de (b) mois le domestique quitte cette personne, reçoit pour son salaire (c) francs plus l'habit promis et se trouve acquitté. Quel est le prix de cet habit ?

N° 210. — Un jardinier ayant planté des arbres en carré plein à (a) arbres en trop, alors il met (a') arbres de plus à chaque côté afin que la forme carrée existe toujours et il se trouve avoir (b) arbres en moins. Combien ce jardinier a-t-il d'arbres ?

N° 211. — Trois fontaines remplissent : la première un bassin de (a) litres en (m) heures, la deuxième un bassin de (b) litres en (n) heures, la troisième un bassin de (c) litres en (p) heures. Combien d'heures mettraient ces trois fontaines coulant ensemble pour remplir un bassin de (q) litres.

N° 212. — Deux courriers partent en même temps de deux points A et B distants de a lieues ; le premier fait (b) lieues et le second fait (b') lieues par heure. A quelles distances des points de départ se rencontreront-ils et après combien d'heures ?

On considère deux cas :

1° Lorsque les deux courriers marchent dans un même sens, à la suite l'un de l'autre ;

2° Lorsqu'ils marchent à leur rencontre en dedans des points A et B.

N° 213. — Une personne ayant doublé au jeu l'argent qu'elle possédait, fait don de (*a*) francs à une autre personne.

Le lendemain ayant triplé ce qui lui restait, elle lui donne 2 *a* francs.

Le surlendemain ayant quadruplé ce qui lui restait, lui donne 3 *a* francs ; il lui reste alors le double de la somme qu'elle avait avant de jouer. On demande quelle est cette somme ?

N° 214. — Un commandant veut disposer un régiment composé de (*a*) hommes en bataillon carré à centre vide, de facon qu'il y ait 3 rangs sur chaque côté. Combien y aura-t-il d'hommes à chaque rang ?

N° 215. — La quatrième puissance d'un nombre augmentée de son carré, donne pour somme (*a*). Quel est ce nombre ?

N° 216. — La sixième puissance d'un nombre, diminuée du cube de ce nombre, donne un reste égal à (*a*). Trouver ce nombre.

N° 217. — On veut former la longueur du mètre avec (*a*) pièces de 2 fr. et de 5 fr. en argent. Combien y en aura-t-il de chaque sorte ?

N° 218. — Un bâton plonge partie dans l'eau, partie dans l'air : La première partie est à la seconde comme *a* : *b*. Si l'on retire (*c*) mètres de longueur de ce bâton de l'eau, la première partie est à la seconde comme $a' : b'$. De combien ce bâton plongeait-il dans l'eau la première fois, et quelle était sa longueur totale ?

N° 219. — Une personne a un certain capital qu'elle place, partie à 4 %, partie à 5 %. La partie à 4 est à celle à 5 comme $m : n$.

Les intérêts de ces deux parties s'élèvent à (a) francs. Quel est le montant de ce capital ainsi que celui des intérêts. Aurait-on intérêt à placer tout le capital à $4\dfrac{3}{4}$ % en faisant : $a = 4400$ et le rapport $m : n$ égal $3 : 2$?

N° 220. — Un père convient de donner à son fils (a) francs toutes les fois qu'il gagnerait en tirant à la cible, et le fils de donner (b) francs toutes les fois qu'il perdrait. Après (c) parties le père doit au fils (d) francs. Combien ce dernier a-t-il gagné et perdu de parties ?

N° 221. — Deux personnes ont, l'une (d) francs, l'autre (b) francs ; la première augmente la somme qu'elle possède de (c) francs par jour, la seconde de (c') francs. Dans combien de jours ces deux personnes auront-t-elles la même somme et à combien s'élèvera-t-elle ?

N° 222. — Deux personnes ont, l'une (a) francs et l'autre (b) francs ; la première augmente ce qu'elle possède de (c) francs par jour et l'autre diminue son avoir de la même somme dans le même temps. Après combien de jours l'avoir de la première personne sera-t-il à celui de la seconde comme $m : n$?

Et à ce moment à quelle somme s'élévera cet avoir à chacune d'elle ?

N° 223. — Dans le problème précédent et dans les mêmes conditions, au bout de combien de jours la première personne aura-t-elle un avoir tel que la seconde n'aura plus rien, et quel sera le montant de cet avoir ?

N° 224. — Une personne achète un cheval une certaine somme, elle le revend (a) francs et elle perd autant p. 100 que le cheval lui avait couté. A quel prix a-t-elle acheté le cheval ?

N° 225. — Trouver la valeur de l'inconnue dans les équations suivantes :

$$a^{x^y} = b, \quad x^{a^b} = c \quad \text{et} \quad \sqrt[3]{\sqrt[4]{\sqrt{x}}} = b.$$

N° 226. — Résoudre le système des trois équations indéterminées suivantes :

$$5x + 3y + 2z + t = 23 \qquad (1)$$
$$4x - 3y - z + 2t = 7 \qquad (2)$$
$$3x + y - 3z + 4t = 20 \qquad (3)$$

FIN.

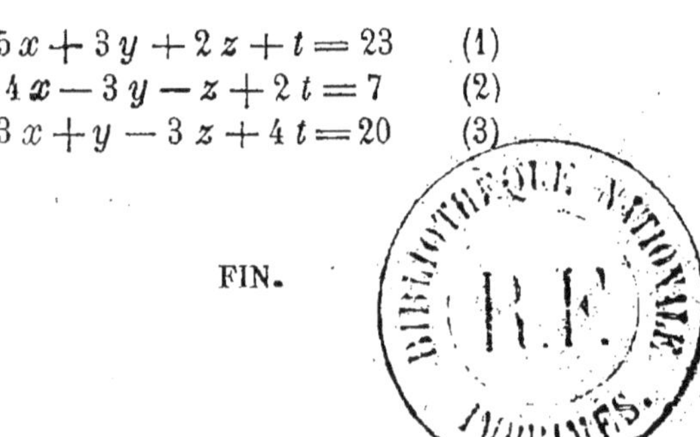

TABLES DES MATIÈRES

FIN DE LA TABLE DES MATIÈRES.

THÉORIE PRATIQUE

DE LA

PERSPECTIVE

ÉTUDE

A L'USAGE DES ARTISTES PEINTRES

DES ÉLÈVES DES ÉCOLES DES BEAUX ARTS, DES ÉCOLES
INDUSTRIELLES, ETC.

PAR

V. PELLEGRIN

PEINTRE

Membre de la Société des arts de Londres, chevalier de l'ordre
du lion Neerlandais, ex-professeur adjoint
de topographie à l'école militaire de Saint-Cyr.

DEUXIÈME ÉDITION

REVUE ET CORRIGÉE

1 vol. gr. in-18 jésus avec figures et 1 planche

Prix : **4** francs, *par la poste* **4** fr. **50**

*L'ouvrage sera expédié franco contre un mandat-poste de
ladite somme de* **4** *fr.* **50** *adressé à l'ordre de l'éditeur.*
M. E. LACROIX, 54, rue des Saints-Pères

PRÉFACE DE L'ÉDITEUR

Nous n'avons plus à faire l'éloge de cet ouvrage dont le
Secrétaire perpétuel de l'Académie des sciences, dans le
compte-rendu de la séance du 2 novembre 1869, inscrit

au *Journal officiel* a dit « *L'excellent Traité de M. Pellegrin deviendra classique* » disons cependant que malgré cette haute approbation, l'auteur a revu et corrigé avec le plus grand soin cette 2ᵉ édition, qu'un appendice de géométrie renfermant les principes de cette science, indispensables à connaître a été ajouté; et qu'enfin c'est réellement *un guide clair et sûr mis à la portée de tout artistes et gens du monde*, le ministère des Beaux-Arts a honoré la 1ʳᵉ édition de cet ouvrage d'une souscription de 500 exemplaires.

———

COURS DE PERSPECTIVE

PAR

V. PELLEGRIN (PEINTRE)

A partir du lundi 8 novembre, un Cours de perspective en douze leçons aura lieu mensuellement le lundi, mercredi et vendredi de 7 heures et demie à 9 heures du soir et le mardi, jeudi et samedi de 8 à 9 heures et demie du matin pour les dames seulement, au domicile de l'artiste. 89, rue de Vaugirard.

Le prix du Cours est de **25** francs.

On peut s'inscrire d'avance, soit au domicile de l'artiste, soit dans les bureaux du Moniteur des Arts, soit chez les principaux marchands de couleurs.

Une carte nominative et personnelle sera délivrée après inscription et paiement à l'ouverture de chaque Cours.

———

BIBLIOTHÈQUE

DES

PROFESSIONS INDUSTRIELLES ET AGRICOLES

FONDÉE PAR

E. LACROIX ✳

Ex-Officier d'infanterie de marine, Ingénieur civil
Membre de la Société industrielle de Mulhouse, de l'Institut royal
des Ingénieurs hollandais
de la Société des Ingénieurs de Hongrie, etc.

AVEC LA COLLABORATION

de MM. les Rédacteurs des *Annales du Génie civil*

ET CELLE

d'Ingénieurs, de Professeurs et de Savants français et étrangers.

TABLE DES MATIERES.

BIBLIOTHÈQUE

PROFESSIONS INDUSTRIELLES ET AGRICOLES

AVERTISSEMENT

Depuis 1816, c'est-à-dire depuis soixante ans que notre maison est fondée (1), nos prédécesseurs ont publié, et nous continuons à publier des ouvrages sur les sciences appliquées à l'industrie, aux arts et métiers, à 'agriculture. L'ensemble de ces publications forme une collection très-variée : donc, nous avions créé par le fait une *Bibliothèque des professions industrielles et agricoles*. Mais l'étendue de quelques-uns de ces ouvrages, l'enseignement plus ou moins scientifique ou plus particulièrement pratique qu'ils contiennent, la forme typographique, différente pour le plus grand nombre, et enfin le prix élevé de quelques-uns ne permettaient pas de les com-

---

(1) Réunion (en 1856) des anciennes maisons Malher et Cⁱᵉ (fondée en 1816), Aug. Mathias (fondée en 1827), Comptoir des Imprimeurs-unis (fondé en 1842), G. Comon (fondée en 1848).

prendre par séries dans une encyclopédie accessible, par la forme, par le fond et par le prix, aux personnes qui ont le plus souvent besoin d'indications pratiques sur la profession dont elles font l'apprentisage, ou dans laquelle elles veulent devenir plus intelligemment habiles.

A ces personnes, dont le nombre est très-grand, il faut des *guides pratiques* exacts, d'un format commode, d'un prix modéré, rédigés avec clarté et méthode, comme est clair et méthodique l'enseignement direct du professeur à l'élève ou celui du maître à l'apprenti. Telle a été notre pensée en commençant, en 1863, la publication de la *Bibliothèque des professions industrielles et agricoles.*

Nous atteindrons le but que nous nous sommes proposé, nous en avons aujourd'hui l'assurance, par la vente soutenue des séries déjà publiées, par le nombre et le mérite, soit comme savants, soit comme praticiens, des collaborateurs acquis à l'œuvre, et par les adhésions qui nous arrivent de tous côtés et sous toutes les formes.

Notre publication s'adresse à l'ingénieur, à l'industriel, à l'ouvrier mécanicien, dans chacune des professions spéciales, à l'artisan de tous les métiers, à l'instituteur, à l'agriculteur; certaines séries conviennent à l'homme du monde qui désire satisfaire utilement sa curiosité, ou qui veut augmenter les notions déjà acquises, par des connaissances particulières sur les professions qui procurent à la société entière les éléments du bien-être matériel, base indispensable du progrès moral.

C'est donc à un très-grand nombre de lecteurs ou plutôt de travailleurs que nous offrons un concours efficace pour l'étude et les applications des questions d'utilité privée ou publique. Nous leur faisons un appel direct, en leur rappelant qu'il n'y a pas possibilité d'abaisser le prix de vente d'un livre qu'à la condition de pouvoir imprimer ce livre à un très-grand nombre d'exemplaires, en prévision d'un grand nombre d'acheteurs : en effet les premières dépenses, c'est-à-dire la gravure des bois et des planches, la composition typographique du texte et le travail de l'auteur sont les mêmes pour un exemplaire que pour mille, dix mille, etc. Dans l'espoir que le nombre des adhérents à notre œuvre ne cessera pas d'augmenter, — que rédacteurs et souscripteurs nous prêteront leur appui, de plus en plus efficace, — nous continuerons à publier les volumes annoncés, le plus promptement qu'il nous sera possible.

Le prix de vente de chacun d'eux est fixé d'après le chiffre des frais occasionnés par sa fabrication.

CATALOGUE

PAR ORDRE MÉTHODIQUE DES MATIÈRES, AVEC RENVOI AUX PAGES POUR LES RENSEIGNEMENTS COMPLETS, TITRES, NOMS DES AUTEURS, PRIX ET ANALYSES DES OUVRAGES PUBLIÉS JUSQU'À CE JOUR.

CATALOGUE

DES OUVRAGES DE LA *BIBLIOTHÈQUE*

des professions industrielles et agricoles

PUBLIÉS JUSQU'A CE JOUR

et classés par ordre de séries

SÉRIE A.

Sciences exactes.

1. Théorie et pratique de la Règle à calcul, par Q. Sella.   **4 fr.**
2. Calculs et comptes-faits à l'usage des industriels, par Vinot. 1 vol.   **4 fr.**
3. Leçons de Géométrie élémentaire, par M. Ch. Rozan. 1 vol. et 1 atlas.   **6 fr.**
6. Guide pratique pour l'étude du Dessin linéaire, par MM. A. Ortolan et J. Mesta. 1 vol. et 1 atlas.   **6 fr.**

En préparation : Arithmétique. — Algèbre. — Trigonométrie. — Géométrie descriptive. — Perspective. — Connaissance et pratique des Logarithmes[1].

[1] Nous recommandons spécialement un t avail sur les logarithmes qui vient de paraître à notre librairie *Tables des logarithmes* à sept décimales, par Jean Luvini : ces tables sont très-complètes, et ce volume comprend plusieurs autres tables usuelles son format ne nous a pas permis de l'intercaler dans notre bibliothèque mais son utilité nous dispense de publier un nouveau travail sur ce sujet. Prix : 4 francs.

SÉRIE B.

Sciences d'observation, chimie, physique, électricité, etc.

1. Eléments de Chimie, par le Dr Sacc. 2 vol.   **7 fr.**
4. Télégraphie électrique, ou *Vade mecum* pratique de télégraphie, par B. Miège. 1 vol.   **3 fr.**
5. L'Etudiant photographe, par A. Chevalier. 1 vol.   **4 fr.**

9. Analyse qualitative, par H. Will. 1 vol.   3 fr.

10. Guide pour reconnaître le titre et la valeur des Potasses, des Soudes, des Cendres, des Acides et des Manganèses, par le Dr R. Frésénius et le Dr Will. 1 vol.   3 fr.

11. Introduction à l'étude de la Chimie, par J. Liebig. 1 vol.   2 fr. 0

12. Guide pratique pour reconnaître et corriger les Fraudes et maladies du vin, par Jacques Brun. 1 vol.   3 fr.

14. Guide pratique de Minéralogie appliquée, par A. F. Noguès. 2 vol.   12 fr.

17. Leçons élémentaires d'Electricité, par E. Garnault. 1 vol.   3 fr.

Dictionnaire des falsifications, par B. Lunel (*sous presse*).

En préparation : Physique. — Galvanoplastie. — Astronomie. — Chimie industrielle. — Géologie. — Vinaigrier et moutardier. — Météorologie. — Anatomie. — Zoologie.

SÉRIE C.

Art de l'ingénieur, ponts et chaussées, constructions civiles.

1. Guide pratique du Géomètre arpenteur, par P.-G. Guy. 1 vol.   4 fr.

2. Guide pratique du Conducteur des ponts et chaussées et de l'Agent voyer, par Birot. 1 vol. et 1 atlas.   10 fr.

3. Carnet de l'Ingénieur, recueil de tables, de formules et de renseignements usuels et pratiques. 1 vol.   5 fr.

3 *bis.* Carnet de papier quadrillé à l'usage des ingénieurs et des architectes. 1 vol.   4 fr.

4. Album des chemins de fer, par G. Cornet. 1 vol.   10 fr.

8. Tarif du Cubage des bois équarris et ronds, par J.-A. Francon. 1 vol.   4 fr.

10. Guide pratique du Constructeur. — Maçonnerie, par A. Demanet. 1 vol.   6 fr.

17. Tracé des Courbes sur le terrain, par E. Perronne. 1 vol.   3 fr.

20. Constructions à la mer, par Bouniceau. 1 vol. et atlas. 18 fr.

21. Traité de l'Exploitation des chemins de fer, par V. Emion. 1 vol.   8 fr.

25. Manuel calculateur du Poids des métaux employés dans les constructions, par Van Alphen. 1 vol.   5 fr.

26. Guide pratique du Constructeur. Dictionnaire des mots techniques employés dans la construction, par L.-P. Pernot. 1 vol. 6 fr.

27. Notions générales sur les chemins de fer, par A. Perdonnet. 1 vol. 15 fr.

En préparation : Métreur vérificateur. — Fabrication des briques. — Architecte. — Tailleur de pierre. — Construction des escaliers. — Fumisterie. — Chaufournier et plâtrier, ciments et mortiers. — Marbrier. — Peintre en bâtiments. — Constructions en fer. — Architecture religieuse. — Chauffage et ventilation. — Tables de cubages pour les matériaux de toutes natures. — Tables pour les poids des matériaux de toutes natures. — Terrassier. — L'appareilleur.

SÉRIE D.

Mines et métallurgie, géologie, histoire naturelle.

1. Gisement, extraction et exploitation des Mines de houille, par Demanet. 1 vol. 6 fr.
4. Guide pratique du métallurgiste. Le fer, ses propriétés et ses différents procédés de fabrication, par **William Fairbairn.** 1 vol. 6 fr.
5. Emploi de l'acier, par J.-B.-J. Dessoye. 1. vol. 4 fr.
11. Recherche, extraction et fabrication de l'Aluminium et des Métaux alcalins, par MM. Tissier. 1 vol. 5 fr.
12. Guide pratique de l'Alliage des métaux, par **A. Guettier.** 1 vol. 4 fr.
15. Minéralogie usuelle, par Drapiez. 1 vol. en réimpression.
17. Traité des Roches simples et composées, par Marcel de Serres. 1 vol. 5 fr.
18. Fabrication et application de l'Asphalte et des bitumes, par Léon Malo. 1 vol. 5 fr.
19. Pétrole (le), ses gisements, son exploitation, par E. Soulié. 1 vol. 4 fr.

En préparation : Recherche et exploitation des mines métalliques. — Sondeur. — Le zinc. — Le cuivre. — Le plomb. — L'étain. — L'argent. — L'or. — Essayeur. — Extraction de la tourbe.

SÉRIE E.

Machines motrices.

1. Traité de la construction des Roues hydrauliques, par Jules Lalfineur. 1 vol.   3 fr. 50

6. Tracé et construction des Engrenages, par Dinée. 1 vol.   5 fr.

En préparation : Conduite, chauffage et entretien des machines fixes et locomobiles. — Construction des machines locomotives. — Des machinies à vapeur marines. — Construction des moulins à vent.

(Voir série G, n° 6, le guide de l'ouvrier mécanicien.)
   —   n° 7, le Guide du chauffeur.

SÉRIE F.

Professions militaires et maritimes.

1. Droit maritime international et commercial, par A. Doneaud.   3 fr.

2. Architecture navale, par G. Bousquet. 1 vol.   3 fr.

3. Nouveau code des bris et naufrages ou sûreté et sauvetage, par J. Tartara. 1 vol.   7 fr.

4. Fabrication des Poudres et salpêtres, par le major Steerk. 1 vol.   6 fr.

6. Guide pratique du Commandant de navires à vapeur, par A. Vincent.   5 fr.

En préparation : Topographie militaire.— Pontonnier. — Capitaine au long cours. — Maître au cabotage. — Topographie marine, le lever du plan d'une côte ou d'une baie. — Instruments et calculs nautiques.

SÉRIE G.

Arts et Métiers, professions industrielles.

1. Traité pratique de la Culture et de l'Alcoolisation de la Betterave, par N. Basset. 1 vol.   4 fr.

2. Traité de Tissage, par T. Bona. 1 vol. et 1 atlas.   10 fr.

5. Traité des Matières résineuses, par E. Dromart. 1 vol. 4 fr.

6. Guide pratique de l'Ouvrier Mécanicien ou mécanique de l'atelier, par A Ortolan. 1 vol. et 1 atlas. 12 fr.

7. Manuel du Chauffeur, par Jaunez. 1 vol. 3 fr.

8. Guide pratique de la Fabrication des vernis, par H. Violette, 1 vol. 6 fr.

9. Connaissance et Exploitation des Corps gras industriels, par Th. Chateau. 1 vol. 5 fr.

10. Guide du Brasseur, par Mulder. 1 vol. 6 fr.

11. Armes et poudres de chasse, par L. Roux. 3 fr.

12. Guide pratique du Constructeur d'appareils économiques de chauffage, par P. Flamm. 1 vol. 4 fr.

13. Le Livre de poche du Charpentier, par J.-F. Merly. 1 vol. 6 fr.

14. Guide du Teinturier, par Fol. 1 vol. 8 fr.

15. Manuel de Télégraphie sous-marine, par A.-L. Ternant 1 vol. 4 fr.

16. Traité pratique de la filature de la laine peignée, cardée, peignée et cardée, par Ch. Leroux. 1 vol. 15 fr.

23. Guide pratique du Bijoutier, par L. Moreau. 1 vol. 3 fr.

26. Guide pratique du Joaillier, ou Traité complet des pierres précieuses, par Ch. Barbot. 1 vol. 10 fr.

35. Fabrication du Papier et du Carton, par A. Prouteaux. 1 vol, 5 fr.

43. Guide pratique du Parfumeur. Dictionnaire raisonné des Cosmétiques et Parfums, par B. Lunel. 1 vol. 5 fr.

44. Guide pratique de l'Epicerie, par B. Lunel. 1 vol. 3 fr.

48. Essai et analyse des Sucres, par E. Monier. 1 vol. 3 fr.

(Pour la culture de *la Canne à sucre,* voir série H, nº 50.)
(Pour *la Culture et l'alcoolisation de la Betterave,* voir série G, nº 1.)

48 *bis*. Guide pratique du Féculier et de l'Amidonnier, par L.-F. Dubief. 1 vol. 5 fr.

50. Fabrication des Liqueurs françaises et étrangères sans distillation, par L.-F. Dubief. 1 vol. 5 fr.

60. Essai et dosage des huiles, par Cailletet. 1 vol. 4 fr.

En préparation : Fabrication des couleurs. — Forgeron. — Menuisier modeleur. — Ebéniste. — Tourneur en bois. — Sculpteur. — Tapissier, ameublement, etc. — Serrurier. — Ajusteur et tourneur en métaux. — Fondeur et mouleur. — Ferblantier. — Marqueteur. — Chaudronnier. — Horloger-mécanicien. — Graveur. — Luthier. — Brocheur, relieur et cartonnier. — Vitrification et fabrication des glaces. — Porcelaines (Fabrication des). — Faïencier. — Peinture sur verre et sur porcelaine. — Imprimeur typographe. — Imprimeur-lithographe et en taille douce. — Charbonnage, coke, tourbe. — Fabrication du gaz. — Huiles. — Bougies et chandelles. — Fabrication des savons. — Meunerie et Boulangerie. — Cuisinier. — Sommelier. — Pâtissier. — Distillation. — Pharmacien. — Fabrication du sucre et raffinage. — Distillateur. — Chocolatier, confiseur, etc. — Pharmacien-droguiste. — Instruments de précision. — Préparation et filature du chanvre et du lin. — Blanchiment. — Blanchissage et buanderie. — Naturaliste préparateur. — Herboriste. — Conservation des bois.

<hr>

SÉRIE H.

Agriculture, jardinage, horticulture, eaux et forêts, cultures industrielles, animaux domestiques, apiculture, pisciculture, etc.

1. Guide pratique d'Agriculture générale, par A. Gobin. 1 vol. 4 fr.
2. Taille du Rosier, sa culture, etc., par Forney. 1 vol.   3 fr.
3. Ingénieur agricole (L'), hydraulique, dessèchement, drainage, irrigations, etc., par J. Laffineur. 1 vol.   6 fr.
4. Constructions et aménagement des Habitations des animaux, par Eug. Gayot. 1 vol.   8 fr.
6 et 7. Eléments des Sciences physiques appliquées à l'agriculture, par A.-F. Pouriau. 2 vol.   14 fr.
8. Drainage, par C.-E. Kielmann. 1 vol.   2 fr. 50
9. Chimie agricole, par N. Basset. 1 vol.   5 fr.
11. Conférences agricoles, par L. Gossin. 1 vol.   2 fr.
14. Choix de la Vache laitière, par E. Dubos. 1 vol.   3 fr.
17. Education lucrative des lapins, par Mariot-Didieux, 1 vol.   2 fr. 50
18. Basse-cour, Education lucrative des poules, des oies, des canards, par le même. 1 vol.   6 fr.
20. Guide pratique du Pisciculteur, par P. Carbonnier. 1 vol.   3 fr.
21. Traité complet des maladies du chien, par Francis Clater. 1 vol.   3 fr.
22. Elevage et éducation du Chien, par E. de Tarade. 1 vol.   4 fr.
25. Apiculture (Culture des abeilles), par H. Hamet. 1 vol.   5 fr.
28. Culture maraîchère, par Courtois-Gérard. 1 vol.   5 fr.
31. Hydraulique urbaine et agricole, par Jules Laffineur. 1 vol.   3 fr.

En préparation : Guide pratique de l'éleveur du cheval (production, élevage et utilisation). — Elevage des bœufs. — Elevage des moutons. — Elevage des porcs. — Elevage et entretien des oiseaux de volière. — Le berger. — Sériciculture. — Fabrication du fromage. — Laiterie et fabrication du beurre. — Culture des céréales. — Défrichement des landes et des bruyères. — Culture du tabac. — Culture du mûrier. — Culture du houblon. — De la culture et de l'aménagement des forêts. — Pépiniériste. — Arboriculture.

SÉRIE I.

Économie domestique, comptabilité, législation, mélanges.

2. Économie domestique, par B. Lunel. 1 vol. 3 fr.

4. Le Liquoriste des Dames ou l'art de préparer en quelques instants toutes sortes de liqueurs de tables, etc., par L.-F. Dubief. 1 vol. 3 fr.

5. Dictionnaire industriel à l'usage de tout le monde ou les 100,000 secrets et recettes de l'industrie moderne, par MM. les rédacteurs des *Annales du Génie civil*. E. Lacroix, directeur de la publication. 2 vol. 20 fr.

6. Les droits des inventeurs en France et à l'étranger, par H. Dufrené. 1 vol. 3 fr.

7. La liberté et le courtage des marchandises, par V. Emion. 1 vol. 2 fr.

8. Leçons de sténographie, par Tondeur. 1 vol. 1 fr.

9. Géographie, par O. Lescure. 1 vol. 3 fr.

10. La Science populaire ou choix de lectures instructives, par Rambosson. 2 vol. 16 fr.

11. Manuel des Conseillers généraux, par J. Albiot. 1 vol. 4 fr.

12. Manuel des Expropriés pour cause d'utilité publique, par V. Emion. 1 vol. 2 fr.

14. Guide pratique d'Hygiène et de Médecine usuelle, par B. Lunel. 1 vol. 2 fr.

16. Manuel pratique d'Ethnographie, par J. d'Omalius d'Halloy. 1 vol. 4 fr.

21. L'immense trésor des vignerons et des marchands de vin, par L.-F. Dubief. 1 vol. 5 fr.

25. Administration des entreprises industrielles et commerciales, par Lincol. 1 vol. 5 fr.

En préparation : Comptabilité manufacturière et agricole. — Géographie commerciale et industrielle. — Droit usuel. — Créancier hypothécaire. — Économie industrielle. — Maires et adjoints. — Pêcheur. — Conservation des substances alimentaires. — Chimie amusante. — Physique amusante. — Extinction des incendies, ou Guide du sapeur-pompier. — Personnel des chemins de fer.

TITRES DES OUVRAGES

QUI COMPOSENT LA BIBLIOTHÈQUE

DES PROFESSIONS INDUSTRIELLES ET AGRICOLES

Collection de volumes grand in-18

PUBLIÉ PAR

E. LACROIX ✳

Ingénieur civil, membre de l'Institut royal des Ingénieurs de Hollande, etc.

———◦◦◦◦◦———

Le premier mérite des volumes qui composent cette Encyclopédie c'est d'être accessibles par la forme, par le fond et par leur prix, aux personnes qui ont le plus souvent besoin d'indications pratiques sur la profession dont elles font l'apprentissage, ou dans laquelle elles veulent devenir plus intelligemment habiles.

A ces personnes, dont le nombre est très-grand, il faut des *guides pratiques exacts*, d'un format commode, d'un prix modéré, rédigés avec clarté et méthode, comme est clair et méthodique l'enseignement direct du professeur à l'élève ou celui du maître à l'apprenti. Telle a été la pensée de l'éditeur (1) lorsque, dans ces dernières années, il a commencé la publication de la *Bibliothèque des professions industrielles et agricoles*.

Elle se compose de *neuf séries*, qui se subdivisent comme suit :

A. **Sciences exactes.** — B. **Sciences d'observations.** — C. **Constructions civiles.** — D. **Mines et Métallurgie.** — E. **Machines motrices.** — F. **Professions militaires et maritimes.** — G. **Professions industrielles.** — H. **Agriculture, Jardinage, etc.** — I. **Économie domestique, Comptabilité, Législation, Mélanges.**

(1) Paris, Eugène Lacroix, imprimeur-éditeur, 54, rue des Saints-Pères.

Les volumes de cette collection sont publiés dans le format grand in-18, la plupart d'entre eux sont illustrés de gravures qui viennent mieux faire comprendre le texte; des atlas renferment les dessins qui exigent d'être représentés à grandes échelles et avec plus de détails; les volumes et les atlas sont reliés très-solidement à la manière anglaise, avec toute leur marge, de telle façon qu'après avoir été fatigués par la lecture, ils puissent encore supporter une deuxième reliure conforme au goût de chacun.

Nous publions cette Bibliographie raisonnée, d'abord par ordre alphabétique des noms d'auteur, nous donnons les titres au complet et après avoir analysé succintement chaque ouvrage, nous donnons par un extrait de la table des matières la méthode suivie par chacun des rédacteurs, ce qui est, croyons-nous, le meilleur mode pour donner une idée de la valeur d'un livre.

Nous avons fait suivre ce catalogue d'une nomenclature méthodique qui évitera les recherches.

E. LACROIX.

Directeur, imprimeur et éditeur
de la Bibliothèque.

A

1. — ALBIOT (J.) (*Code départemental*). — **Manuel des Conseillers généraux.** Loi organique des conseils généraux, avec les commentaires officiels, suivie de la loi prévoyant le cas où l'Assemblée nationale viendrait à être dissoute par la force et autorisant les conseils généraux à se réunir pour prendre en mains les pouvoirs législatifs. 1 vol. rel. de 152 pages... 4 fr.

Cet ouvrage peut être considéré comme un aide-mémoire à l'aide duquel les personnes notables appelées, en qualité de conseillers généraux, à discuter les intérêts de leur département, trouveront de nombreux renseignements relatifs à la législation qu'ils auront à appliquer.

CONSTRUCTIONS RURALES

BONA. Constructions rurales.
Bergerie de Daubenton, munie de paillassons.

B

2. — BARBOT (CH.), ancien joaillier, inventeur du procédé de décoloration du diamant brut, membre de plusieurs sociétés savantes. — Guide pratique du **Joaillier**, ou **Traité complet des pierres précieuses**, leur étude chimique et minéralogique, les moyens de les reconnaître sûrement, leur valeur approximative et raisonnée, leur emploi, la description des plus extraordinaires et des chefs-d'œuvres anciens et modernes auxquels elles ont concouru. 1 vol. rel., 567 pages, 3 planches renfermant 178 figures représentant les diamants les plus célèbres de l'Inde, du Brésil et de l'Europe, bruts et taillés, et les dimensions exactes des brillants et roses en rapport avec leur poids, depuis un carat jusqu'à cent carats................ 10 fr.

Ecrit tout à la fois pour les praticiens et les gens du monde, ce guide donne, par ordre alphabétique, la description de toutes les pierres précieuses, il en indique l'aspect, la couleur, la dureté, l'éclat, la pesanteur spécifique, la composition chimique, la forme géométrique, le gisement, l'abondance et la rareté, l'emploi et le prix. — Un article spécial a été consacré au diamant, la pierre de prédilection de nos jours.

3. — BASSET (N.), chimiste, auteur de plusieurs ouvrages d'agriculture, etc. — **Chimie agricole.** Leçons familières sur les notions de chimie élémentaire utiles au cultivateur et sur les opérations chimiques les plus nécessaires à la pratique agricole. 1 vol. rel., 336 pages avec figures dans le texte............ 5 fr.

L'auteur, négligeant les formules scientifiques, a cherché, avant tout, à se rendre intelligible à tous. Dans une série de leçons familières, après avoir prouvé la nécessité des connaissances chimiques en agriculture, il a successivement traité de l'analyse des sels, des amendements, de la composition des plantes, des animaux, de quelques industries agricoles, etc.

4. — Traité pratique de la **Culture** et de l'**Alcoolisation de la Betterave.** Résumé complet des meilleurs travaux faits jusqu'à ce jour sur la betterave et son alcoolisation, renfermant toutes les notions nécessaires au cultivateur et au distillateur, ainsi que l'examen des méthodes de pulpation, de macération, de fermentation et de distillation employées aujourd'hui. 3ᵉ édition, corrigée et considérablement augmentée, 1 vol. rel. de 284 pages avec figures dans le texte.................... 4 fr.

Avant de donner au public cette nouvelle édition, l'auteur avait étudié à fond les principales questions relatives à la culture, à la distillation de la betterave, afin d'apporter son contingent à la grande question de la transformation agricole, par les données que l'expérience lui a fournies. Il a voulu mettre sous les yeux des agriculteurs et des distillateurs, les faits techniques, scientifiques et pratiques, dans la plus grande simplicité d'expression. Il examine avec impartialité les différents systèmes : Champenois, Kessler, Dubrunfaut, etc.

5. — Birot (F.), ingénieur civil, ancien conducteur des ponts et chaussées. — Guide pratique du **Conducteur des ponts et chaussées** et de l'**Agent voyer**. Principes de l'art de l'ingénieur, comprenant : plans et nivellements, routes et chemins, ponts et aqueducs, travaux de construction en général et devis. 3ᵉ édition, revue et augmentée. 1 vol. rel., 545 pages, avec un atlas de 19 planches doubles, rel. contenant 144 figures. 10 fr.

Nous allons donner un extrait de la table des matières de cet ouvrage devenu le *vade-mecum* des agents secondaires des ponts et chaussées.

Chap. Iᵉʳ. — Tracé et mesure des lignes. Arpentage proprement dit. Mesure des angles. Lever à l'échelle. Instruments. *Chap. II.* — Objets du nivellement. Niveaux de différents systèmes. Stadia. — *Chap. III.* Classification des routes. Projets, De la forme générale des routes. Tracé des courbes. Tables diverses. — *Chap. IV.* Construction des chaussées. Entretien des routes. Déblais et remblais. — *Chap. V.* Ponts et aqueducs. Ponceaux. Murs de soutènement. Parapets. Voûtes biaises. Sondages. Pieux. Pilotis. Palplanches. Enrochements. — *Chap. VI.* Des cintres et des ponts en charpente. — *Chap. VII.* Études des matériaux employés dans les constructions. — *Chap. VIII.* Du métrage et du devis. Avant-métré d'un aqueduc, d'un ponceau, etc.

L'auteur a terminé par le programme d'admission pour l'emploi de conducteurs.

6. — Bona (T.), ancien architecte, directeur de l'École de tissage et de dessin industriel de Verviers, membre de la Société industrielle, etc. — Manuel des **Constructions rurales.** 4ᵉ édition, complétement refondue. 1 vol. rel., 300 pages avec un très-grand nombre de figures dans le texte............ 5 fr.

Les ouvrages sur les constructions rurales sont rares; après le traité de M. Bouchard-Huzard, qui forme 3 vol. du prix de 30 fr., celui de Duvinage qui n'existe plus et qui coûtait 25 fr., on ne trouvera pas d'autres livres qui puissent remplacer celui de

M. Bona. C'est un ouvrage à la portée de tout le monde; nous ne dirons pas qu'il est un travail original, mais c'est un choix très-bien compris de nombreux renseignements puisés dans les meilleurs ouvrages et qui évitera aux cultivateurs et aux propriétaires ruraux de longues études, parce que l'auteur a condensé dans ce volume tout ce qu'il est nécessaire de savoir pour faire de l'architecture pratique dans les campagnes.

Il est l'œuvre consciencieuse d'un homme qui connaît parfaitement son sujet. Il est écrit de façon à être compris par tout le monde, contre-maîtres, propriétaires ruraux, etc. ; Le chapitre 1er traite des différents matériaux de construction le chapitre 2 donne les éléments ou les notions indispensables de l'art de construire : terrassements, fondations, charpente, maçonnerie, menuiserie, serrurerie, peinture, etc. ; dans le chapitre 3, l'auteur s'occupe de l'érection du bâtiment proprement dit : l'habitation du fermier, la petite maison de campagne, etc.; puis dans le chapitre 4, il donne des devis, des estimations, des états de marchés, etc., et enfin, dans le 5e chapitre, il donne un aperçu pratique des connaissances indispensables de la jurisprudence du bâtiment, mitoyenneté, servitudes, etc.

7. — Guide pratique du tracé et de l'ornementation des **Jardins d'agrément.** 1 vol. rel., 304 pages. 4e éd., complètement refondue et ornée de 238 figures dans le texte......   4 fr.

Il existe quelques ouvrages spéciaux sur la composition et l'ornementation des jardins : malheureusement, ils sont généralement d'un prix élevé, et puis la plupart des auteurs arborent des prétentions qui se traduisent par la classification qu'ils ont adoptée : ils ont, en fait de jardins, des genres *graves, terribles, mélancoliques, riants, lugubres,* etc. ; M. Bona pense qu'il faut embellir le terrain dont on dispose par des créations conformes à sa situation.

8. — **Traité de Tissage.** Manuel complet de la fabrication, de la composition des tissus, et spécialement de la draperie-nouveautés, par T. Bona.

Cet ouvrage se compose de deux parties et de deux atlas.
La première partie, renfermant 192 pages de texte avec un atlas de 137 planches; traite des opérations préparatoires du tissage et des tissus; c'est le résumé de tout ce qu'il est utile de connaître pour la pratique du tissage.
La deuxième partie, de 171 pages avec un atlas de 56 planches, traite de la classification des tissus. « Il ne suffit plus, dit l'auteur, de produire bien et économiquement, il faut aussi savoir *créer,* et pour cela des études spéciales sont indispensa-

bles. » C'est dans le but de faciliter ces études et de les populariser, que M. Bona a entrepris la rédaction de cette deuxième partie.

Les deux parties reliées ensemble forment un volume de texte et un atlas, rel... 10 fr.

La deuxième partie, dont il a été imprimé un grand nombre d'exemplaires, se vend séparément .... 4 fr.

9. — Bouniceau, ingénieur en chef des ponts et chaussées. — Etudes et notions sur les **Constructions à la mer**, 1 vol. viii-421 pages et atlas de 44 pl. in-4º, dont plusieurs doubles... 18 fr.

Cet ouvrage est le résumé d'études longues et consciencieuses d'un des ingénieurs en chef les plus distingués du corps national des ponts et chaussées. M. Bouniceau a attaché son nom à des travaux d'une haute importance. Son travail devra être médité par tous ceux qu'intéressent les nouveaux développements que doivent prendre les constructions conçues en vue d'améliorer les ports de mer et les ouvrages nécessaires à la préservation des côtes. L'atlas qui accompagne ces Etudes est remarquable sous le rapport du choix des planches et de leur exécution. L'auteur dans sa préface dit : « Notre livre n'est pas un guide pratique, il est composé de notions et d'études, c'est un ensemble qui présente un programme complet sur la matière. »

Nous qui analysons le livre de M. Bouniceau, nous croyons qu'il est trop modeste et que certainement il n'y a pas un ingénieur chargé de travaux à la mer qui n'aura intérêt et profit à consulter cet ouvrage dont nous nous contenterons de donner le sommaire des chapitres pour en mieux faire connaître la portée.

Définitions et préliminaires. — Avant-ports. Bassins. Darses. — *Môles ou brise-lames.* Môles à claire-voies. Môles anciens. Môles modernes. — *Jetées.* Ports à marée. Chenaux. Dragues. Musoirs. Remorquage à vapeur dans les chenaux. — *Ports d'échouage :* Epaisseur des quais. Ecluses. Portes d'ebbe et de flot. Manœuvre des portes. Pose des portes. Ponts sur les écluses. *Bassins à flot :* Leur forme, leur largeur, leur superficie. Valeur des places à quai. — *Nettoyage des ports.* — *Ouvrages pour la construction et le radoubage des navires :* Cales de construction. Cales de débarquement. Machines élévatoires. — *Ports dans les rivières à marée.* — *Canaux maritimes.* — *Ouvrages à l'issue des ports de commerce.* Phares. Phares en fer sur pieux à vis. Phares flottants. Feux de port. Bouées, balises. — *Matériaux de construction. Mortiers.* Pierres, sables, chaux et c^e

ments. Fabrication des mortiers. Briques, bois. Fondations par épuisement. Fondations mixtes sur pilotis. Fondations en rade.

10. — Bourgoin d'Orli (P.-H.-F.). — Guide pratique de la **Culture de la canne à sucre** et Traité de la sucrerie exotique, suivi de la **Culture du caféier et du cacaoyer** et de la **Fabrication du chocolat.** 1 vol. en 2 parties rel., ensemble 256 pages...................................... 5 fr.

M. Bourgoin d'Orli s'est, pendant de longues années, livré à une étude toute spéciale de la canne à sucre et de sa culture dans plusieurs contrées équatoriales et tropicales. Il a réuni dans ce volume le résultat de son expérience et de ses observations personnelles. La manipulation du sucre est complétement traitée dans cet ouvrage, indispensable aux propriétaires et aux cultivateurs qui veulent mettre en sucreries tout ou partie de leurs possessions dans les colonies.

Ce que nous disons pour le sucre il en a été de même pour le caféier et le cacaoyer, cultures pour lesquelles M. Bourgoin d'Orli par ses longues stations sous les tropiques a été mis à même d'étudier les différentes méthodes, il a voulu compléter cet ouvrage par un chapitre sur la fabrication du chocolat.

11. — Bousquet (Gustave), capitaine au long cours, ingénieur. — Guide pratique d'**architecture navale** à l'usage des capitaines de la marine du commerce, appelés à surveiller les constructions et les réparations de leurs navires. 1 vol. rel., VI-103 pages, avec figures dans le texte................. 3 fr.

Dans la *première partie* l'auteur traite de la connaissance des calos, c'est-à-dire l'endroit où doit être réparé le navire. — Droit et tour d'une pièce. — Écarts. — Quille. — L'étrave. — L'étambot. — L'assemblage des couples, etc.

Dans la *deuxième partie*, nous avons les revêtements intérieurs. — La lisse. — Les carlingues. — Les livets. — Bauquières. — Barrots. — Épontilles, etc.

Puis les revêtements extérieurs. Précintes, bordées, bois étuvés, chevillage, clous, calfatage, panneaux ou écoutilles, etc.

Cet abrégé très-sommaire des matières contenues dans ce volume suffira pour faire comprendre au commandant d'un navire marchand que sa lecture ne lui en sera que très-profitable.

12. — Brun (Jacques), vice-président de la Société suisse des pharmaciens. — Guide pratique pour reconnaître et corriger les **Fraudes et maladies du vin,** suivi d'un traité d'**Analyse**

chimique de tous les vins. 2ᵉ éd., 1 vol. rel., 191 |p., avec de nombreux tableaux.............................. .. 3 fr.

L'art de falsifier les vins a fait ces dernières années de rapides progrès. La chimie ne doit pas se laisser devancer par la fraude : elle doit lui tenir tête et pouvoir toujours montrer du doigt la substance étrangère. Cette tâche, dit M. Brun, incombe surtout aux pharmaciens. Son livre est le résumé des différents traitements qn'il a trouvés réellement utiles, et qui, dans sa longue pratique, lui ont le mieux réussi pour l'examen chimique des vins suspects.

JARDINAGE

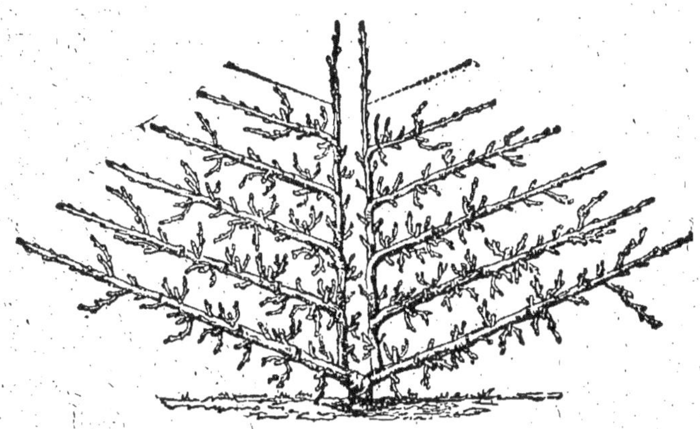

COURTIS-GIRARD (page 221 du *Traité de jardinage*).

Poirier en palmette à double tige, forme adoptée maintenant par le plus grand nombre de cultivateurs de poiriers.

C

13. — CAILLETET (Cyrille), pharmacien de première classe. — Guide pratique de l'**Essai et du dosage des huiles** employées dans le commerce ou servant à l'alimentation. — Procédés : les diverses essences d'huiles, savons, savonimétrie, essai de la farine de blé de seigle, etc. ; manuel pratique à l'usage des commerçants et des manufacturiers. 1 vol. rel., 104 pages.   4 fr.

Ce guide décrit avec clarté des procédés nouveaux et pratiques pour découvrir la sophistication des huiles, pour l'analyse prompte des savons et pour l'essai commercial de la farine de blé. Les procédés de M. Cailletet ont à leur tour subi la pierre de touche de l'expérience ; la Société industrielle de Mulhouse a couronné en 1857 et en 1859, le dosage des huiles mélangées et celui des savons. La Société des arts, sciences et belles-lettres de Paris a couronné en 1855 l'essai de la farine de blé.

14. — CARBONNIER (Pierre), pisciculteur, fabricant d'appareils à éclosion, membre de la section des poissons de la Société d'acclimatation et de plusieurs sociétés savantes. — Guide pratique du **Pisciculteur.** 1 vol. rel., 200 pages, avec de nombreuses figures dans le texte.......................... 3 f.

Ce n'est pas comme un théoricien ou un savant systématique que M. Carbonnier se présente à ses lecteurs : ce sont les résultats pratiques qu'il a obtenus dans la *piscifacture* construite et exploitée par lui à *Champigny*, qui lui donne le droit d'indiquer les méthodes et les systèmes qui lui ont le mieux réussi, c'est-à-dire qui lui ont donné les résultats les plus profitables. Le *traité de pisciculture* est suivi d'une notice sur les poissons d'eau douce qui vivent dans nos climats, leurs formes, leurs habitudes, enfin les particularités relatives à la culture artificielle de chacun d'eux. Un appendice est consacré aux *aquariums* d'appartement.

15. — **Carnet de l'ingénieur,** recueil de tables, de formules et de renseignements usuels et pratiques sur les sciences appliquées à l'industrie, chimie, physique, mécanique, machines à vapeur, hydraulique, résistance, frottements, etc., à l'usage des ingénieurs-constructeurs, des architectes, des chefs d'usines industrielles, des mécaniciens, des directeurs et conducteurs de travaux, des agents-voyers, des manufacturiers et des industriels, publié par les rédacteurs des *Annales du génie civil*, avec la

collaboration d'ingénieurs et de savants français et étrangers,
1 vol. relié avec fig. dans le texte................... 5 fr.
    Relié sous forme de portefeuille, en peau de chagrin... 10 fr.

Le carnet de l'ingénieur peut être considéré comme la quintessence de tous les travaux publiés par la *librairie Lacroix,* ancienne maison Mathias. C'est sous un petit volume imprimé en caractères compactes, la matière condensée de toutes les connaissances nécessaires pour exécuter dans le cabinet ou sur le terrain, des calculs rapides sans avoir à recourir à de longues recherches. Voici les principales divisions de l'ouvrage :

Tables usuelles. — Notions usuelles. — Algèbre, géométrie. — Géométrie analytique. — Mécanique. — Machines simples. — Résistance des matériaux. — Hydraulique. — Documents relatifs aux constructions. — Matières premières servant aux constructions. — Physique et chimie. — Chaleur et combustibles. — Machines à vapeur. — Géologie. — Données économiques.

16. — **Carnet de papier quadrillé** à l'usage des ingénieurs et des architectes, 150 pages de papier quadrillé précédées de renseignements usuels et pratiques. 1 vol. relié....... 4 fr.

17. — Chateau (Th.), chimiste, ex-préparateur au Muséum d'histoire naturelle. — Guide populaire de la **Connaissance et de l'Exploitation des Corps gras industriels,** contenant l'histoire des provenances, des modes d'extraction, des propriétés physiques et chimiques, du commerce des corps gras, des altérations et des falsifications dont ils sont l'objet, et des moyens anciens et nouveaux de reconnaître ces sophistications. Ouvrage à l'usage des chimistes, des pharmaciens, des parfumeurs, des fabricants d'huiles, etc., des épurateurs, des fondeurs de suif, des fabricants de savon, de bougie, de chandelle, d'huiles et de graisses pour machines, des entrepositaires de graines oléagineuses et de corps gras, etc. 2e édition, augmentée d'un appendice. 1 vol. relié, 413 pages ou tableaux.....................................'............. 5 fr.

M. Chateau, en publiant la première édition de cet ouvrage, avait eu pour but de donner aux chimistes et aux manufacturiers une histoire aussi complète que possible des corps gras industriels employés tant en France qu'à l'étranger, et considérés au point de vue de leur provenance, de leur extraction, de leur composition, de leurs propriétés physiques et chimiques, de leur commerce et de leurs altérations spontanées ou frauduleuses.

Dans la nouvelle édition, M. Chateau a ajouté à sa monographie des corps gras un appendice renfermant quelques corrections indispensables et d'importantes additions.

18. — CHAUVAC DE LA PLACE, chef de section au chemin de fer de l'Est. — Nouvelles tables pour le tracé des **Courbes de raccordement** (chemins de fer, routes et chemins). 1 vol. rel. de 120 pages, avec une planche et un supplément de 64 pages.. 6 fr.

19. — CHEVALIER (A.), auteur de l'*Hygiène de la vue, de l'étudiant micrographe*, etc. — **L'Étudiant photographe**, traité pratique de photographie à l'usage des amateurs, avec les procédés de MM. Civiale, Bacot, Cavelier, Robert. 1 vol. relié, 216 pages, avec 68 figures.. 4 fr.

Ce livre est un manuel simplifié de photographie. Il sera utile à tous ceux qui voudront s'occuper des moyens de reproduire la nature à l'aide de la lumière. Comme son titre l'indique, c'est le livre de l'étudiant, et certes nous n'avons, en le livrant à la publicité, qu'un seul désir, celui d'être utile. Nous sommes sûrs des procédés indiqués, car nous avons dû expérimenter nous-mêmes celui relatif au collodion humide.

(Extrait de la Préface.)

Pour mieux faire comprendre la portée de cet ouvrage, nous allons donner la table des principaux chapitres :

Des instruments employés en photographie. — Des substances chimiques employées en photographie. — Du laboratoire et de l'atelier. — Règles sur les reproductions. — Procédé au collodion humide. — Procédé au collodion sec, par M. J. Robert (de Sèvres). — Procédé sec au tannin. — Procédé sur albumine, par M. Bacot (de Caen). — Procédé sur papier sec, ciré à l'aide de la paraffine et de la cire vierge, de M. A. Civiale. — Description de la chambre noire de voyage, de M. Civiale. — Description du nouveau châssis à portefeuille obturateur, permettant d'opérer en pleine lumière, sans tente ni abri. — Procédé sur papier, de M. Cavelier. — Des épreuves stéréoscopiques. — Des agrandissements.

20. — CLAUSIUS (R.), professeur à l'Université de Wurtzbourg. — **Théorie mécanique de la chaleur**, traduit de l'allemand par F. FOLIE, professeur à l'École industrielle et répétiteur à l'École des mines de Liége. 2 vol. reliés, xxx-748 pages.. 15 fr.

« Depuis que l'on a utilisé la chaleur comme force motrice au moyen des machines à vapeur, et que l'on a été ainsi amené pratiquement à regarder une certaine quantité de travail comme l'équivalent de la chaleur nécessaire pour le produire, il était naturel de rechercher théoriquement une relation déterminée entre une quantité de chaleur et le travail qu'il est possible de lui faire produire, et d'utiliser cette relation pour en déduire des conclusions sur l'essence et les lois de la chaleur elle-même. » (CLAUSIUS.)

Par le titre des chapitres nous allons indiquer le mode de démonstration de l'auteur.

Introduction mathématique. — Principe fondamental de la théorie mécanique de la chaleur. — Second principe. — Influence de la pression et de la congélation des liquides. — Dépendance théorique qui existe entre deux lois empiriques relatives à la tension et à la chaleur latente de différentes vapeurs. — Équivalence des transformations au travail intérieur. — Axiome de la théorie mécanique de la chaleur. — Concentration de rayons de chaleur et de lumière, et les limites de son effet. — Mémoires sur les mouvements moléculaires admis pour l'explication de la chaleur. — Sur la conductibilité des corps gazeux pour la chaleur.

21. — CORNET (G.), répétiteur à l'École centrale des arts et manufactures de Paris. — **Album des chemins de fer,** résumé graphique du cours professé à l'École centrale des arts et manufactures. 4ᵉ édition, 1 vol. relié, texte et 74 planches gravées sur acier................................ 10 fr.

Le titre de l'ouvrage indique suffisamment que c'est le cours des chemins de fer professé à l'École centrale que l'auteur a publié. Toutes les planches gravées sur acier sont dessinées à de petites échelles pour rendre l'ouvrage plus portatif.

22. — COURTEN (Comte LUDOVICO DE), photographe. — Manuel pratique de **Collodion sec au tannin** et de tirage économique des épreuves positives, suivi d'une étude sur la rectitude et le parallélisme des lignes en photographie. 1 vol. rel., 150 p., avec fig. dans le texte et une très-belle photographie. 4 fr.

23. — COURTOIS-GÉRARD, marchand grainier, horticulteur. — Manuel pratique de **Jardinage,** contenant la manière de cultiver soi-même un jardin ou d'en [diriger la culture, 7ᵉ édition, 1 vol. relié, 410 pages, 1 planche et de nombreuses figures dans le texte.................................... 5 fr.

Nous renvoyons à la note ci-dessous accompagnant le *Manuel de culture maraîchère* pour les titres de M. Courtois-Gérard à la confiance publique. Dans le *Manuel du jardinier,* les jardiniers de profession trouveront des conseils, des détails nouveaux et des renseignements pratiques qu'ils peuvent ignorer ; le propriétaire et l'amateur de jardin y puiseront des instructions précises et claires qui leur éviteront toute espèce de méprises et d'erreurs.

Sommaire des principaux chapitres :

Dispositions générales d'un jardin potager. — Calendrier. — Travaux de chaque mois. — Les outils. — Les défoncements. — Les fumiers. — Les arrosements. — Les couches. — Semis. — Repicages. — Marcottes. — Boutures. — De la greffe. — De la conservation des plantes. — Les maladies des plantes potagères. — La culture des arbres fruitiers. — La culture des arbres d'agrément. — Destruction des animaux nuisibles, etc.

24. — Manuel pratique de **Culture maraîchère**. 5ᵉ éd., augmentée d'un grand nombre de figures et de plusieurs articles nouveaux. Ouvrage couronné d'une médaille d'or par la Société centrale d'agriculture, d'une grande médaille de vermeil par la Société centrale d'horticulture. 1 vol. relié, 440 pages, 89 figures dans le texte.................................... 5 fr.

Outre les récompenses honorifiques qui viennent d'être mentionnées, l'auteur de ce manuel a obtenu une attestation que garantit la valeur de son travail aux yeux du public, en même temps qu'elle constate l'exactitude de ses recherches et l'utilité des notions renfermées dans son ouvrage. Cette attestation émane de vingt-cinq jardiniers maraîchers de la ville de Paris qui, après avoir entendu la lecture du travail de M. Courtois-Gérard, déclarent qu'ils lui donnent toute leur approbation, comme étant conforme aux bonnes méthodes de culture en usage parmi eux et autorisent l'auteur à le publier sous leur patronage.

Cet ouvrage est officiellement recommandé pour les écoles normales, etc. Cette nouvelle édition a été augmentée d'un chapitre sur la culture des portes-graines et d'un vocabulaire maraîcher.

Table des principaux chapitres :

Marais pour culture de pleine terre. — Marais pour culture de primeurs. — Analyse des terres. De l'établissement d'un jardin maraîcher. — Engrais et pailles. — Outillage. — Diverses opérations. — La culture des porte-graines. — Destruction des insectes. — Des maladies des plantes. — Calendrier du maraîcher ou travaux manuels. — Vocabulaire du maraîcher,

D

25. — DEMANET (A.), lieutenant-colonel honoraire du génie, membre de l'Académie royale de Belgique, etc. — Guide pratique du **Constructeur**. MAÇONNERIE, 1 vol. relié, 252 pages, avec tableaux, accompagné de 20 planches doubles renfermant 137 figures, gravées sur acier par CHAUMONT...... 6 fr.

Ce guide, écrit par M. Demanet, qui a professé un cours de construction à l'Ecole militaire de Bruxelles, emprunte une grande autorité à l'expérience et à la position qu'occupait l'auteur. Les 20 planches qui accompagnent le texte sont gravées avec une grande exactitude.

Nous rappellerons que M. le lieutenant-colonel Demanet est auteur d'un *Cours de construction* qui a eu très-rapidement trois éditions et qui embrasse la connaissance des matériaux et leur emploi, la théorie des constructions, l'établissement des fondations, l'économie des travaux, leur entretien, etc., etc. Cet ouvrage coûte, avec l'atlas, 80 fr., et ne pouvait, par conséquent, entrer dans le cadre de la *Bibliothèque des professions industrielle et agricoles*. Le *Guide pratique du constructeur* (maçonnerie) a été extrait de cette œuvre si estimée de M. Demanet, il forme, comme maçonnerie, un tout complet et un ouvrage pratique qui dispense d'acheter le précédent ouvrage, pour les personnes qui n'ont pas à étudier toutes les industries du bâtiment.

Extrait de la table des matières :

Des tracés. — Des mortiers et mastics. — Des pierres. — Des appareils. — De l'exécution des maçonneries. — Échafaudages et cintres. — Outils et appareils. — Décintrements, charges, jointoiement. — Des épaisseurs à donner aux maçonneries. — Evaluations des travaux de maçonnerie. — Travaux divers. — Travaux d'entretien et de restauration. — De l'organisation des chantiers, etc.

26. — DEMANET, ingénieur, fils du précédent. — Gisement, extraction et exploitation des **Mines de houille**, traité pratique à l'usage des ingénieurs, des contre-maîtres, ouvriers mineurs, etc. *Véritable guide du mineur*. 1 vol. relié de 404 pages, avec 126 figures dans le texte et 9 tableaux............ 6 fr.

Il existe plusieurs traités sur l'exploitation des houillères, mais ces ouvrages remplis de détails considérables sont fort volumineux et fort coûteux et par conséquent en dehors de la portée des ouvriers mineurs, M. Demanet, ingénieur des mines a voulu en publiant cet ouvrage le mettre à la portée de tout le monde; c'est pourquoi au lieu de décrire tous les engins qui constituent le matériel considérable des houillères, il n'a voulu qu'examiner les conditions générales, les cas particuliers, et donner des principes invariables qui devront servir de guide dans les différents cas qui se présentent.

Dans le chapitre premier il s'occupe des bassins et des considérations générales. — Le creusement des galeries et des puits fait l'objet du chapitre deux. — L'exploitation proprement dite celui du chapitre trois; puis les différents modes et les différents engins de transports; les applications de ces modes aux différentes couches. — La grande question de l'aérage des travaux, celle de l'extraction des produits au jour et l'épuisement des eaux, sont l'objet des chapitres six, sept et huit. Dans le chapitre neuvième et dernier, M. Demanet s'occupe de l'organisation des divers services.

27. — Dessoye (J.-B.-J.), ancien manufacturier. — Guide pratique de l'**Emploi de l'acier**, ses propriétés, avec une introduction et des notes par Ed. Grateau, ingénieur civil des mines. 1 vol. relié de 303 pages.................... 4 fr.

Ce livre constitue une véritable monographie de l'acier, M. Dessoye prend l'art de fabriquer l'acier à son origine et nous montre ses progrès. Il signale la nature et les propriétés natives de l'acier, en indique les différents modes d'élaboration et termine son guide par une étude sur l'emploi de l'acier dans les manipulations qu'on lui fait subir. Comme le fait remarquer M. Grateau dans sa savante introduction, ce livre s'adresse à tous ceux qui sont appelés à acheter et à consommer de l'acier d'une qualité quelconque, sous toute forme, et il devra être consulté par tous les praticiens.

Extrait de la table : — Considérations préliminaires. — Etudes historiques sur la fabrication de l'acier. — Etudes générales sur l'existence des propriétés natives. — Etudes sur l'emploi de l'acier, considéré dans ses propriétés caractéristiques. — De l'emploi de l'acier considéré dans les manipulations qu'on lui fait subir.

Cet ouvrage est en quelque sorte complété par un volume de M. Landrin fils, intitulé *Traité de l'acier.* 1 vol. de 315 pages avec figures dans le texte, dont nous parlons plus loin.

Dictionnaire industriel à l'usage de tout le monde, (Voir E. Lacroix) 2 vol............................... 20 fr.

28. — Dinée (F.-G.), mécanicien de la marine, ex-élève de l'École des arts et métiers de Châlons-sur-Marne. — Traité pra-

tique du tracé et de la construction des **Engrenages**, de la vis sans fin et des cames. 1 vol., 80 p. et 17 pl. Relié. 5 fr.

Ce livre répond à un besoin, car depuis longtemps il manquait à toute bibliothèque industrielle; c'est une œuvre de mécanique véritablement pratique.

Il se divise en trois chapitres :

1° Des courbes en usage dans la construction des engrenages; 2° dimensions des détails et de l'ensemble des engrenages; 3° tracé des engrenages, des vis sans fin, des cames.

29. — Dubos (Ernest), vétérinaire de l'arrondissement de Beauvais, professeur de zootechnie à l'institut agricole de la même ville, — Guide pratique pour le choix de la **Vache laitière**, 1 vol. rel., 132 p. et 7 pl.............................. 3 fr.

Les diverses méthodes pour le choix des vaches laitières sont résumées dans ce livre. Les agriculteurs et les éleveurs y trouveront l'indication des signes qui peuvent les guider pour la conservation et l'acquisition des animaux qui conviennent le mieux à leurs exploitations. — Les figures représentant les diverses races de vaches laitières qui sont remarquables.

Dans le chapitre premier l'auteur s'occupe de la stabulation, de l'alimentation et du rendement. — Le chapitre deuxième est consacré à l'étude du lait, ses modifications et ses altérations. —Dans les autres chapitres l'auteur donne des renseignements pour reconnaître les propriétés du lait, le moyen de reconnaître les falsifications, les qualités exigées de la servante de ferme et la manière de traire. — Dans les chapitres sixième et septième, il indique les caractères et les méthodes qui peuvent guider dans le choix des meilleures vaches laitières. Enfin il termine par un chapitre sur la castration des vaches.

30. — D'Omalius d'Halloy (le baron J.). — Manuel pratique d'**Ethnographie**, ou description des races humaines; les différents peuples, leurs caractères naturels, leurs caractères sociaux, divisions et subdivisions des différentes races humaines. 5° édition. 1 vol., rel., 127 pages, avec une planche coloriée représentant les principaux types........................... 4 fr.

Après avoir exposé les principes généraux de l'ethnographie, l'auteur décrit les races, rameaux, familles et peuples que l'on distingue dans le genre humain. Le *Manuel d'ethnographie* est terminé par des tableaux synoptiques représentant les diverses divisions, avec l'indication approximative de la force de chaque peuple et de la distribution des familles dans les cinq parties de la terre. Cet ouvrage est accompagné de nombreuses notes dans lesquelles l'auteur discute les diverses questions sur les quelles il ne partage pas les opinions de la plupart des ethnographes.

Extrait de la table des matières : — De l'ethnographie en général. — De la race blanche. — du rameau européen, du rameau arménien, du rameau scytique. — De la race brune, du rameau éthiopien, du rameau indou, du rameau indochinois, du rameau malais. — De la race rouge, du rameau hyperboréen, du rameau mongol, du rameau sinique. — De la race noire. — Des hybrides. — Tableaux de la division du genre humain, en races, rameaux, familles et peuples.

31. — DONEAUD (Alp.) professeur à l'école navale. — *Aide-mémoire de l'officier de marine* (marine militaire et marine marchande). Notions pratiques de **Droit maritime international et commercial**, 1 vol. rel., 155 pages... 3 fr.

Les derniers traités de commerce ont augmenté dans des proportions considérables, les relations internationales. Cet ouvrage de M. Doneaud devient donc d'une grande utilité pratique. Nous ajouterons que ce livre commence une série de volumes dont l'ensemble formera, dans notre bibliothèque, l'*Aide-mémoire de l'officier de marine*.

Extrait de la table des matières : — De la mer et des fleuves. — Droit international en temps de paix. — Droit commercial. — Droit maritime international en temps de guerre. — Documents officiels. — Bibliographie des principaux ouvrages à consulter, pour le droit des gens en général, le droit international maritime et le droit commercial.

32. — DRAPIEZ (M.). — Guide pratique de **Minéralogie usuelle**. Exposition succincte et méthodique des minéraux, de leurs caractère, de leur composition chimique, de leurs gisements, de leur application aux arts et à l'industrie, 1 vol. relié, 504 pages.. 3 fr.

A la lucidité des définitions et à la simplicité de la méthode d'exposition, ce guide joint un mérite qui n'échappera pas aux hommes pratiques ; il contient la description des 1500 espèces minérales dont il analyse les caractères distinctifs, la forme régulière et la forme irrégulière, les propriétés particulières, les compositions chimiques et les synonymies, les gisements, les applications dans les arts, dans l'industrie, etc.

33. — DROMART (E.), ingénieur civil. — Traité théorique et pratique de la recherche, du travail et de l'exploitation commerciale des **Matières résineuses** provenant du pin maritime, 1 vol. VIII-36 pages, 3 planches doubles...... 4 fr.

Après quelques mots sur le pin en général, M. Dromart
donne les caractères chimiques de la gemme qui en découle,
ainsi que ceux des essences de térébenthine et de la colophane
qui en dérivent. Il compare les deux systèmes de gemmage
usités dans les Landes et décrit tous les appareils nécessaires
à la fabrication des produits résineux, avec les perfectionnements qu'on y a apportés. Le livre se termine par un aperçu
de l'emploi des essences et des colophanes dans les principales
industries.

84. — DUBIEF (L.-F.), chimiste œnologue. — Traité de la fabrication des **Liqueurs** françaises et étrangères sans distillation, 4ᵉ édition, augmentée de développements plus étendus, de
nouvelles recettes pour la fabrication des liqueurs, du kirsch,
du rhum, du bitter, la préparation et la bonification des eaux-
de-vie et l'imitation de celles de Cognac, de différentes provenances, de la fabrication des sirops, etc., etc. 1 vol. rel., 228
pages..5 fr.

Ce traité est formulé en termes clairs et familiers ; la personne la moins expérimentée dans l'art du distillateur qui en
lira attentivement les préceptes pourra, sans aucun guide, devenir un bon fabricant après quelques essais.

Sommaire de quelques chapitres : — De la composition des
liqueurs. — Quantités d'alcool, de sucre et d'eau, pour les
différentes classes de liqueurs. — Des teintures aromatiques.
— Des infusions. — De la coloration des liqueurs. — Du
mélange. — Du perfectionnement des liqueurs par le tran-
chage. — Du collage des liqueurs. — De la filtration. — De la
conservation des liqueurs. — Règle générale pour bien opérer
la fabrication des liqueurs. — Considérations à observer. —
Des spiritueux aromatiques non sucrés. — Emploi des écumes
et des eaux provenant du lavage des filtres. — Formules et
préparations des sirops. — De l'alcool. — Du coupage ou
mouillage des alcools. — Des eaux-de-vie. — Opérations d'eaux-
de-vie à tous les titres avec les alcools d'industrie. — Résumé
pour les liqueurs, les eaux-de-vie et les alcools. — Appendice. — L'auteur termine cet ouvrage par une liste des principaux marchés des eaux-de-vie esprits, etc.

35. — Guide pratique de la **Fabrication des vins fac-
tices** et des boissons vineuses en général, ou manière de fabriquer soi-même les vins, cidres, poirés, bières, hydromels, pi-
quettes et toutes sortes de boissons vineuses, par des procédés
faciles, économiques et des plus hygiéniques. 1 vol... — 2 fr.

M. Dubief a publié ce petit ouvrage, non-seulement pour venir en aide aux personnes économes, mais encore, et plus, pour celles dont l'économie est une nécessité. Si elles suivent les prescriptions qui y sont indiquées, elles peuvent être assurées de bien fabriquer elles-mêmes et avec facilité toutes sortes de vins, bières, cidres, etc. Ainsi, il traite la cuvée des vins de raisin fabriqués avec le marc, avec sirop de sucre, de fécule. — Vin rouge de sucre. — Vin mousseux de fruits : cerises, prunes, groseilles, etc., etc. — Vins de grains, céréales, etc. — Toutes les formules et les procédés indiqués par l'auteur sont simples et faciles, et il suffit de les avoir lus pour les mettre en pratique.

36. — **L'immense trésor des vignerons et des marchands de vin**, indiquant des moyens inédits pour vieillir instantanément les vins, leur enlever les mauvais goûts même celui de terroir, colorer les vins blancs en rouge Narbonne, même d'une manière hygiénique et sans aucun coupage, éviter leur dégénérescence, partant, plus de vins aigres, amers, gras ou poussés ; découverte d'un agent supérieur à l'alcool pour le maintien, la conservation et l'expédition lointaine des vins. 3ᵉ édition revue, corrigée et considérablement augmentée, 1 vol. rel. de 196 pages...................................... 5 fr.

Extrait de la table des matières : — De la connaissance des vins. — Appréciation et dégustation. — De la distinction. — Du mélange ou du coupage. — Du vinage. — Amélioration des vins. — De l'imitation des vins. — De la confection des vins mousseux. — Du vin muet et de ses avantages. — Des vins de liqueurs et de leurs imitations. — Recettes et opérations des vins de liqueurs. — *Méthode du midi.* — *Méthode de Paris.* — De la conservation des vins en fûts pleins et en vidange. — Du soufrage ou méchage. — Du collage pour la clarification. — Arôme, sève, bouquet et goût de terroir. — Du gouvernement et de la conservation des vins. — De la mise en bouteilles. — Des altérations. — Moyen de les prévenir et de les corriger. — Des altérations accidentelles et moyen de les guérir. — Disposition et conservation des tonneaux. — Contenance des fûts. — L'auteur termine son livre par une série de renseignements très-utiles.

37. — Le **Liquoriste des Dames** ou l'art de préparer en quelques instants toutes sortes de liqueurs de table et des parfums de toilette avec toutes les fleurs cultivées dans les jardins, suivi de procédés très-simples et expérimentés pour mettre les fruits à l'eau-de-vie, faire des liqueurs et des ratafias, des

vins de dessert, mousseux et non mousseux, des sirops rafraî-chissants, etc., 1 vol., 120 pages avec figures dans le texte, 3 fr.

Ce que nous avons dit des précédents ouvrages de M. Dubief nous dispense de nous étendre sur celui-ci. C'est aux dames qu'il s'est adressé et l'accueil qu'il en a obtenu prouve suffi samment combien il est utile dans toute bibliothèque de ménage.

38. — Guide pratique du **Féculier** et de l'**Amidonnier**, suivi de la conversion de la fécule et de l'amidon en dextrine sèche et liquide, en sirop de glucose, sirop de froment, sirop im-pondérable ; en sucre de raisin, sucre massé, sucre granulé et cassonade, en vin, bière, cidre, alcool et vinaigre, ainsi que leur application dans beaucoup d'autres industries. 2ᵉ édition, 1 vol. de 267 pages, avec gravures dans le texte,............. **5 fr.**

Extrait de la table des matières : — Première partie. — Aperçu historique. — Des substances qui contiennent la fécule. — Com-position et conservation de la pomme de terre. — Extraction de la fécule. — Lavage, rapage, tamisage, épuration, séchage, blutage. — Des résidus de la pomme de terre. — Du blan-chiment de la fécule. — Rendement de la pomme de terre en fécule. — Perfectionnements importants apportés au la-vage, etc. — Conservation, vente et falsification. — Caractères et propriétés de la fécule.

Dans la deuxième partie, l'auteur donne la description des procédés à suivre pour fabriquer les amidons.

La troisième et dernière partie vient compléter les deux pre-mières par les renseignements les plus récents.

Dans cet ouvrage, l'auteur s'est appliqué à dégager son texte de toute gêne scientifique ; il a été clair et précis pour mettre son enseignement à la portée de toutes les instructions et de toutes les intelligences. Pour chaque sujet, il est entré dans des développements minutieux en indiquant souvent ces tours de mains si indispensables, et que seule, la pratique ordinai-rement peut apprendre.

— L'art de faire la **Bière** (Voir Mülder).

39. — Dufréné (H.), ingénieur civil, ancien élève de l'École des arts et manufactures. — Les droits des **inventeurs en France et à l'étranger.** — Conseils généraux. — Brevets d'invention. — Péremption. — Vente. — Licences. — Exploi-tation. — Géographie industrielle. — Marques de fabrique. — Dessins. — Objets d'utilité. 1 vol. de 108 pages,....... 3 fr.

Cet ouvrage peut être considéré comme un guide des inventeurs. — L'auteur, dans son premier chapitre, leur donne les premières connaissances nécessaires pour l'obtention d'un brevet d'invention.

Dans le deuxième, il fait un résumé des lois en vigueur dans les principaux pays industriels et il indique le tarif des sommes à verser pour obtenir un brevet dans ces différents pays.

La troisième partie est une répartition géographique de l'industrie et la quatrième, la protection des dessins ou marques de fabriques également dans les différents pays.

PISCICULTURE

CARBONNIER (page 29 du *Traité de pisciculture*.)

Fécondation artificielle des poissons; dans un vase on fait tomber les œufs de la femelle, puis immédiatement et par le même procédé indiqué par la figure, une quantité de laite suffisante prise à un mâle, on agite le tout et la fécondation est terminée. Il faut agir avec une grande rapidité.

41. — Émion (Victor), avocat à la cour de Paris, ancien sous-préfet. — Manuel pratique et juridique des **Expropriés pour cause d'utilité publique**, suivi de deux tableaux donnant le chiffre de la valeur du mètre de terrain dans Paris, et faisant connaître les principales indemnités accordées aux industriels, négociants et commerçants expropriés. 1 vol. rel., 125 pages.. 2 fr.

Ce manuel est un résumé des règles pratiques que les expropriés ont intérêt à connaître pour se diriger dans la défense de leurs droits. En étudiant ce manuel, les expropriés sauront qu'avant de se présenter devant le jury, ils n'ont que peu ou point de formalités à remplir et *pas de frais* à débourser. Ils y apprendront encore qu'en général les traités souscrits d'avance avec des intermédiaires ne sont *habituellement* avantageux *que pour ceux qui contractent avec l'exproprié.*

Les tableaux de la valeur du mètre dans les différents arrondissements de Paris et des principales indemnités accordées par le jury offrent un très-grand intérêt pour les propriétaires et les locataires.

42. — **La liberté et le courtage des marchandises**, commentaire pratique de la loi du 18 juillet 1866. 1 vol. rel., 142 pages.. 2 fr.

L'application pratique de la nouvelle loi sur le courtage des marchandises devait donner lieu à de nombreuses difficultés; ce sont ces difficultés que M. V. Émion s'est étudié à prévoir et à résoudre dans son commentaire, suivi d'un appendice qui renferme de nombreux documents intéressant tous les commerçants.

43. — Traité de l'**Exploitation des chemins de fer**, ouvrage composé de deux parties reliées en un seul volume et précédé d'une préface par M. Jules FAVRE, ensemble 787 pages.. 8 fr.

Première partie : — Voyageurs et bagages. — *Deuxième partie :* Marchandises.

Aujourd'hui que tout le monde voyage, le manuel de M. V. Émion est devenu un guide indispensable. Il fait connaître à chacun ses droits et ses devoirs vis-à-vis des compagnies;

il prend le voyageur chez lui, le mène à la gare, le suit à son départ, pendant sa route, à son arrivée et le ramène à son domicile : il prévoit toutes les difficultés, toutes les contestations et en donne la solution fondée sur la loi, les règlements, la jurisprudence et l'équité.

Dans la seconde partie, M. Emion traite avec beaucoup de détails l'organisation du service des marchandises, les tarifs, les formalités exigées pour la remise des marchandises en gare, l'expédition, la livraison, enfin tout ce qui concerne les actions à intenter aux compagnies, soit pour avaries, soit pour retard, perte, négligence, etc.

Études sur l'Exposition de 1867, par MM. les rédacteurs des *Annales du Génie civil* (Locomotives, par GAUDRY, fig. 37, page 18).

F

44. — Fairbairn (William), ingénieur civil, membre de la Société royale de Londres, correspondant de l'Institut de France, etc. — *Guide pratique du métallurgiste.* **Le fer,** son histoire, ses propriétés et ses différents procédés de fabrication, ouvrage traduit de l'anglais, avec l'approbation de l'auteur, et augmenté de notes et d'un appendice, par M. Gustave Maurice, ingénieur civil des mines, secrétaire de la rédaction du Bulletin de la Société d'encouragement. 1 vol. rel., 331 pages et 68 figures dans le texte................................... 6 fr.

Depuis longtemps, le nom de M. Fairbairn fait autorité dans l'industrie du fer. Après avoir tracé l'histoire des progrès de la fabrication du fer, l'auteur donne les analyses des minerais et des combustibles dans leurs rapports avec les résultats des différents procédés de fabrication : il saisit cette occasion pour donner la description des fourneaux, machines, etc., employés dans la métallurgie du fer.

M. Maurice a complété cette traduction par des notes et un appendice. Il a éliminé tout ce que le texte original pouvait présenter de trop laconique ou de trop exclusivement rédigé en vue de la métallurgie anglaise. Parmi ces appendices, on remarquera ceux concernant les procédés Bessemer et les notes sur la résistance des tubes à l'écrasement.

Extrait de la table des matières : — Histoire de la fabrication du fer. — Les minerais des différentes parties du monde. — Les combustibles : charbon de bois, tourbe, coke, houille. — Production des combustibles dans le monde entier. — Réduction des minerais. — Transformation de la fonte en fer. — Des machines employées pour forger le fer. — La forge. — Le procédé Bessemer. — Fabrication de l'acier. — Trempe et recuite de l'acier. — De la résistance et des autres propriétés mécaniques de la fonte, du fer et de l'acier. — Composition chimique de la fonte. — Statistique de l'industrie sidérurgique, etc.

45. — Flamm (Pierre), manufacturier, auteur d'un ouvrage qui a pour titre : *Le Verrier au dix-neuvième siècle,* ancien directeur de verrerie. — Trois sources d'économie de combustible. Guide pratique du **Constructeur d'appareils économiques de chauffage** pour les combustibles solides et gazeux, traitant des générateurs à gaz fixes et locomobiles, de l'application de la chaleur concentrée et du calorique perdu aux chaudières à vapeur et aux fours de toute espèce, à l'usage des ingénieurs, architectes, fumistes, verriers, briquetiers, maîtres de forges, fabriques de zinc, de porcelaine, de faïence, d'acier, de produits chimiques ; des raffineries de sucre, de sel ; des industries métallurgiques et autres employant la chaleur. 1 vol. rel., 157 pages et 4 planches . . . . 4 fr.

M. Flamm a pris pour épigraphe de son livre : *Non multa, Sed multum*. Jamais devise n'a été plus fidèlement respectée. Dans ce traité, tout est substantiel, rien n'est inutile. Les constructeurs y trouveront des données pratiques, et les grands industriels pourront, après l'avoir lu, se rendre compte des qualités que doivent posséder les appareils qu'ils font établir dans leurs usines ou dans leurs fabriques.

Le même auteur a publié dans le même format une excellente petite brochure qui a pour titre : *Un chapitre sur la verrerie*, ou transformation complète de la *fabrication* actuelle du *verre* donnant les méthodes du chauffage aux gaz combustibles, les modes nouveaux de *couler les glaces*, le *cristal*, le *flint* et le *crown-glass*, de travailler le *verre à vitres*, la *gobeletterie* et les *bouteilles*, de supprimer les creusets et de cueillage du verre sur les *pots*. 1 vol., 44 pages et 1 planche . . . . 1 fr. 50

46. — FLEURY-LACOSTE, président de la Société centrale d'agriculture du département de la Savoie, membre de plusieurs sociétés savantes. — Guide pratique du **Vigneron**, culture, vendange et vinification. 1 vol. rel., 187 pages. 8 fr.

M. Fleury-Lacoste est à la fois un homme instruit et un homme pratique. Son *Guide du Vigneron* sera consulté avec fruit, et l'on peut avec confiance en adopter les préceptes. S. Exc. M. le ministre de l'agriculture, certes plus compétent que nous, vient d'engager M. Fleury-Lacoste à poursuivre ses études en souscrivant à cet excellent petit traité. C'est bien là le meilleur éloge que l'on puisse faire de cet ouvrage.

Dans la première partie, l'auteur donne les principes généraux pour la culture de la vigne basse : culture en ligne, orientation, la taille, le pinçage, les engrais, choix des cépages, 1°, 2°, 3° et 4° années.

La seconde partie, intitulée : *Calendrier du Vigneron*, lui indique les travaux qu'il a à faire mensuellement. La culture des hautains sur treillages élevés dans les champs, remplit la troisième partie. — Quatrième partie : Nouvelles observations pratiques sur les phénomènes de la végétation de la vigne. — Cinquième partie : De la vendange et de la vinification : de gré de maturité. — Du ban des vendanges. — Personnel. — Le nettoyage et l'écrasement des grains. — La cuve. — Le décuvage. — Enfin l'auteur termine en indiquant les soins à donner aux vins nouveaux et vieux.

47. — Fou (Frédéric), chimiste. — **Guide du Teinturier.** Manuel complet des connaissances chimiques indispensables à la pratique de la teinture. 1 vol. rel., 430 pages et 90 figures dans le texte.......................... 8 fr.

En publiant cet ouvrage, l'auteur s'est proposé de répandre dans la population ouvrière qui s'occupe des travaux de teinture les connaissances nécessaires des sciences sur lesquelles est basée cette industrie.

La teinture est aujourd'hui bien différente de ce qu'elle était il y a vingt ans. La chimie, en envahissant les usines, a chassé l'ancienne routine; la mécanique, la physique et les sciences naturelles, de leur côté, ont aussi fait de grands progrès, il est donc nécessaire que l'ouvrier et le contre-maître, qui souvent n'ont pas reçu une instruction suffisante, puissent se mettre au niveau des connaissances nécessaires pour bien exercer leur industrie, c'est ce qu'a voulu faire l'auteur en publiant ce livre; il est dicté dans un style simple et facile à comprendre. Répandre les notions les plus importantes sous la forme la plus facile à saisir, telle a été la préoccupation constante de l'auteur.

48. — Forney (Eugène), professeur d'arboriculture à l'amphithéâtre de l'École de Médecine, membre de plusieurs sociétés savantes. — La **Taille du Rosier**, sa culture et ses belles variétés. 1 vol. rel., 208 pages et 52 fig............ 3 fr.

Dans cet ouvrage, M. Forney a reproduit le cours qu'il fait à ses nombreux auditeurs; c'est donc une série d'instructions plus complètes même que ses leçons orales.

Ce livre doit servir de guide et d'aide-mémoire dans la pratique. Les nombreuses figures qui l'enrichissent en rendent l'intelligence encore bien plus facile.

49. — Fraiche (Félix), professeur de sciences mathématiques et naturelles. — Guide pratique de l'**Ostréiculteur,** ou Culture des huîtres et procédés d'élevage et de multiplication des **Races marines comestibles**, histoire naturelle des mollusques et des crustacées, — Causes du dépeuplement progressif des bancs d'huîtres. — Industrie et procédés actuels. — Construction des claires, parcs, viviers, etc. — Exploitation des claires. — Culture des moules. — Élevage des homards,

langoustes, etc. 1 vol. rel., 175 pages, avec figures dans le texte.. 4 fr.

Les chemins de fer et la navigation, en diminuant les distances, ont créé pour les races marines comestibles des débouchés qui leur avaient manqué jusqu'alors. De là et d'autres causes que M. Fraiche indique, l'appauvrissement des bancs d'huîtres. L'auteur, qui s'est inspiré des travaux de M. Coste, démontre que l'ostréiculture est une industrie facile à créer et à développer, et qui donne des résultats rémunérateurs à ceux qui savent l'exploiter.

50. — FRANÇON (J.-A.), cubeur juré de la ville de Lyon. — Tarif de **Cubage des bois** équarris et ronds évalués en stères et fractions décimales du stère. 1 vol. rel., 402 p. 4 fr.

Toutes les tables que renferme cet ouvrage ont été calculées avec la plus grande précision ; on pourra donc s'en servir avec grande assurance sans crainte d'erreur.

51. — FRÉSÉNIUS (R.) et le Dr WILL, docteurs, assistants et préparateurs au laboratoire de Giessen. — Guide pratique pour reconnaître et pour déterminer le titre véritable et la valeur commerciale des **Potasses**, des **Soudes**, des **Cendres**, des **Acides** et des **Manganèses**, avec neuf tables de déterminations, traduit de l'allemand, par le Dr G.-W. BICHON, ancien élève de M. Justus Liebig, nouvelle édition, augmentée de notes, tables et documents puisés dans les *Annales du Génie civil*, 1 vol. rel., VI-229 pages avec fig................ 3 fr.

Le livre de MM. Frésénius et Will est le résultat des précieuses recherches auxquelles se sont livrés ces deux savants chimistes étrangers ; c'est avec beaucoup de pénétration et de succès qu'ils sont parvenus à perfectionner les méthodes d'essais relatifs aux potasses, soudes, acides et manganèses.

G

52. — GARNAULT (E.), professeur de physique à l'École navale. — Leçons élémentaires d'**Électricité** ou exposition concise des principes généraux de l'ÉLECTRICITÉ ET DE SES APPLICATIONS, par SNOW-HARRIS, de la Société royale de Londres, etc., annotées et traduites par E. GARNAULT. 1 vol., 264 pages, avec 72 figures dans le texte......................... 3 fr.

Les leçons de M. Snow-Harris ont eu un grand succès en Angleterre. L'auteur s'est surtout attaché à donner des idées saines, pratiques et théoriques sur les principes généraux de l'électricité et les faits les plus simples qu'il démontre à l'aide d'expériences faciles à répéter.

Le traducteur, qui est lui-même un professeur distingué, a ajouté à l'ouvrage anglais des notes dans lesquelles il donne surtout des aperçus sur les principales applications de l'électricité dans l'industrie.

53. — GAYOT (E.), membre de la Société centrale d'agriculture de France. — Guide pratique pour le bon aménagement des **Habitations des animaux.**

Cet ouvrage se compose de 2 parties : 1ʳᵉ partie : les Écuries et les Étables, 208 pages et 63 fig.; 2ᵉ partie, les Bergeries, les Porcheries, les Habitations des animaux de la basse-cour, Clapiers, Oiseleries et Colombiers, 355 pages et 65 fig. Le tout relié en 1 volume............................... 8 fr.

Aucun animal ne saurait être développé dans ses facultés natives, dans ses aptitudes propres, et produire activement dans le sens de ces dernières, si on ne le place dans les meilleures conditions d'alimentation, de logement, de multiplication. M. Gayot, avec l'autorité d'une longue expérience, a réuni dans ces deux volumes les conditions générales d'établissement et les dispositions particulières aux diverses espèces d'animaux.

1ʳᵉ PARTIE. — *Extrait de la table des matières :* — Le sujet à vol d'oiseau. — Des effets de l'air pur et de l'air vicié sur l'économie animale. — L'aération : les portes et fenêtres, barbacanes et ventilateurs. *Dispositions particulières aux diverses espèces :* les dimensions intérieures, encore les portes et fenêtres, de l'aire des écuries, le plancher supérieur des écuries, arrangement intérieur et ameublement des écuries, les séparations, les boxes, établissements spéciaux, la température des écuries. *Les étables de l'espèce bovine :* l'aération, l'aire des étables, les dimensions et l'aménagement intérieurs; les boxes, règles d'hygiène générale, établissements spéciaux.

2e PARTIE. — *Les Bergeries* : de l'habitation en plein air, le parc des champs, le parc domestique, les abris brise-vent. — DE L'HABITATION COUVERTE : conditions particulières à l'établissement des bergeries, les portes et fenêtres, l'aération, les bâtiments, les aménagements intérieurs, auges et râteliers. — PORCHERIE : les conditions spéciales, la construction, les portes et fenêtres, les aménagements essentiels, les auges, dispositions particulières de l'ensemble. — *Les habitations de la basse-cour*, l'habitation du dindon, l'habitation de l'oie, la demeure du canard, le colombier et la volière, la faisanderie, etc., etc.

54. — GOBIN (A.), ancien élève de l'École de Grand-Jouan, ancien directeur de la colonie pénitentiaire du Val-d'Yèvres (Cher). Guide pratique pour la **Culture des plantes fourragères** : 1 vol. relié composé de 2 parties, 680 p. avec 120 fig. dans le texte ...... 8 fr.

1re *partie*. Prairies naturelles, pâturages, avec un appendice reproduisant la loi du 21 juin 1866 sur les associations agricoles, 284 pages, avec nombreuses figures.

2e *partie*. Prairies artificielles, plantes racines, 388 pages et 87 figures.

Les fourrages sont la base de toute culture, et il est admis aujourd'hui, par tous les agriculteurs intelligents, que pour avoir du blé il faut faire des prés. M. Gobin, guidé par sa grande expérience, a voulu rédiger un guide tout pratique indiquant tout ce qui doit être observé pour obtenir les meilleurs résultats et éviter les dépenses inutiles ; mais, comme il le dit dans sa préface, si le titre même de son livre lui a fait une loi de se restreindre à la culture des plantes fourragères et de s'abstenir de considérations scientifiques inutiles au but qu'il poursuit, il ne s'est pas interdit les applications pratiques des sciences, en tant qu'elles se rapportent à l'explication des phénomènes ou à l'amélioration des méthodes de culture. « C'est là, en effet, dit-il, ce que nous entendons par la pratique, et non point seulement la routine manuelle, qui consiste à savoir tenir les mancherons de la charrue, charger une voiture de gerbes ou manier la faux : celle-ci suffit à un ouvrier, celle-là est nécessaire au moindre cultivateur intelligent. »

Ce guide peut être considéré comme le résumé des leçons professées avec tant de succès par M. Gobin à l'*École de Grignon.*

55. — Guide pratique d'**Agriculture générale**. 1 vol. x-448 pages avec figures dans le texte ....

« L'agriculture est une industrie qui a pour but, tout en améliorant le sol, d'en tirer le produit net le plus élevé. » — A

Extrait de la table des matières : — *Chap. 1ᵉʳ*. Considérations générales sur l'atmosphère et les climats : l'air, la lumière, l'électricité, la chaleur, le froid, la gelée, le dégel et la neige, les vents, les orages, la grêle, le brouillard, les nuages, la pluie, les différents climats. — *Chap. II*. Principes constituants du sol, analyse chimique des sols, des différentes formations géologiques. Des terres : terres calcaires, argileuses, siliceuses, etc. — *Chap. III*. Les instruments de l'agriculture. Les moteurs : l'eau, le vent, l'homme, le cheval, la vapeur. — *Chap. IV*. Engrais et amendements. — *Chap. V et VI*. Considérations générales sur la culture des plantes, la semaison, la récolte, l'emmagasinage, etc. Enfin l'auteur termine par des considérations et des renseignements sur l'administration rurale.

56. — GOBIN (H.), frère du précédent. — Guide pratique d'**Entomologie agricole**, et petit traité de la destruction des insectes nuisibles. 1 vol., 279 p, avec fig. dans le texte. 4 fr.

« Ce traité, d'une lecture attrayante, possède un grand fond de science. Il se compose de lettres familières adressées à un nouveau propriétaire rural. Tous les insectes qui s'attaquent aux champs et à leurs produits et aux animaux y sont passés en revue, et, ce qui est mieux encore, l'auteur a indiqué le moyen de se débarrasser de cette engeance envahissante. Le livre est terminé par des nomenclatures scientifiques avec les noms français.

57. — GOSSIN (L.), cultivateur, professeur d'agriculture dans l'Oise, etc. — Guide pratique des **Conférences agricoles**, accompagné d'un appendice comprenant des notes et des instructions pratiques puisées dans les Annales du Génie civil. 1 vol. relié, xii-138 pages... 2 fr.

(Ouvrage recommandé officiellement pour les écoles normales, etc.)

« Dans les grandes villes, on tient des conférences ; M. Gossin a rêvé les conférences au village, des conversations intimes, familières, fructueuses. Dévoué depuis de longues années à l'enseignement rural, M. Gossin possède de plus l'art de la démonstration facile, et sa parole sympathique est écoutée avec plaisir et par conséquent, avec fruit.

58. — GUETTIER (A.), ingénieur, directeur de fonderies, etc. — Guide pratique des **Alliages métalliques**. 1 vol. rel.

vii-342 pages. . . . . **4 fr.**

Après avoir donné quelques explications préliminaires sur les propriétés physiques et chimiques des métaux et des alliages, l'auteur examine au point de vue des alliages entre eux les métaux spécialement industriels, c'est-à-dire d'un usage vulgaire très-répandu (cuivre, étain, zinc, plomb, fer, fonte, acier). Il donne ensuite quelques indications générales sur les métaux appartenant aux autres industries, mais n'occupant qu'une place secondaire (bismuth, antimoine, nickel, arsenic, mercure), et sur des métaux riches appartenant aux arts ou aux industries de luxe (or, argent, aluminium, platine); enfin, il envisage les métaux d'un usage industriel restreint, au point de vue possible de leur association avec les alliages présentant quelque intérêt dans les arts industriels.

59. — Guy (P.-G.), ancien élève de l'École polytechnique, officier d'artillerie. — Guide pratique du **Géomètre arpenteur,** comprenant l'arpentage, le nivellement, la levée des plans et le partage des propriétés agricoles, avec un appendice sur le calcul des solides; 3ᵉ édition, entièrement refondue. 1 vol. rel. de 272 pages et 183 figures. . . . . **4 fr.**

L'auteur, en publiant cet ouvrage, a eu pour intention d'en faire un *vade mecum* utile aux ingénieurs, aux conducteurs des ponts et chaussées, aux agents-voyers, géomètres arpenteurs, etc. Son format portatif permet de pouvoir le consulter sur le terrain; il est un abrégé d'un grand nombre d'ouvrages encombrants, dont il présente toutes les données nécessaires pour connaître et vérifier la contenance des pièces de terre pour en construire un plan exact, ce qui évitera aux propriétaires et aux fermiers des procès ruineux, et ce qui leur permettra aussi d'étudier avec fruit les améliorations qu'ils voudraient apporter dans la culture de leurs terres.

60. — HAMET, (H.), apiphile, directeur de l'*Apiculteur*, membre de plusieurs sociétés savantes. — Guide pratique d'**apiculture** (culture des abeilles), cours professé au jardin du Luxembourg, 1 vol. relié 336 pages, 110 figures dans le texte et 9 planches .... 5 fr.

Dans le vaste champ que nous ouvre l'histoire naturelle, rien n'est plus curieux que les mœurs et les travaux des abeilles. Que d'activité, d'industrie, d'ordre et d'harmonie parmi ce peuple d'insectes! Que de leçons il peut nous donner.

Aussi, de tout temps, les philosophes et les agronomes se sont-ils occupés des abeilles. Beaucoup s'en sont faits les historiens; mais beaucoup, comme Aristote et Virgile, ignorant une foule de secrets sur leurs instincts, leurs travaux et leur génération, ont fréquemment semé l'erreur à côté de la vérité. Il était réservé aux Swammerdam, aux Maraldi, aux Riem, aux Schirach, aux Réaumur et aux Huber de découvrir ces secrets, et d'être les historiens des abeilles. Les minutieuses et savantes observations de ce dernier ont surtout amené des découvertes aussi admirables par elles-mêmes que surprenantes à l'égard, de celui qui les a faites : car Huber était aveugle.

M. Hamet, par l'ouvrage dont nous donnons ci-dessus le titre, offre au public le résumé du cours public qu'il professe avec tant de succès depuis douze ans au Luxembourg, c'est l'exposé des meilleures méthodes employées par les bons praticiens. L'auteur ne préconise aucun système, aucune invention de ruche. Aussi la lecture de son livre a-t-elle pour résultat de faire disparaître de l'esprit toute incertitude et la confusion que la lecture des traités à systèmes exclusifs peut y jeter. Aussi ce livre forme-t-il le contraste le plus frappant avec la plupart des ouvrages qui traitent de l'apiculture.

61. — **JAUNEZ**, ingénieur civil. — Manuel **du Chauffeur**,
Guide pratique à l'usage des mécaniciens, des chauffeurs et des
propriétaires de machines à vapeur, exposé des connaissances
nécessaires, suivi de conseils afin d'éviter les explosions des
chaudières à vapeur, 1 vol. rel. 212 p., 37 fig. dans le texte et
planches...

Cet ouvrage est spécialement destiné aux chauffeurs, comme
l'indique son titre. Les bons chauffeurs pour l'industrie privée
sont rares et, par conséquent, recherchés. Les personnes qui
ont des machines à vapeur ne sont que trop souvent obligées
d'employer pour chauffeurs des hommes qui manquent non
seulement des connaissances indispensables pour remplir un tel
emploi, mais quelquefois même de la moindre instruction pratique. Dans de telles circonstances, il y a évidemment danger,
et c'est pourquoi nous avons publié cet ouvrage afin qu'il soit
mis dans les mains de tous les ouvriers qui, sans savoir le premier mot de la théorie de la chaleur ni de la mécanique, seront
à même, après l'avoir lu attentivement, de conduire une machine à vapeur. Cet ouvrage doit être dans leurs mains comme
un catéchisme qui viendra leur apprendre leur métier.

Extrait de la table des matières. — Pression de l'air. — Baro-
mètre. — Compression de l'air. — Pompes. — Du calorique. —
Thermomètre. — Quantité d'eau nécessaire à la condensation
de l'eau. — De la vapeur d'eau. — Des moyens pour connaître la force de la vapeur. — Manomètre. — Soupapes de
sûreté. — Conduite du feu. — Chaudière. — Garnissage. — Incrus-
tations et dépôts dans les chaudières. — Des soins et de l'entretien des machines à vapeur. — Résumé des moyens ayant
pour but d'éviter les explosions. — Mise en marche des machines à vapeur. — Renseignements généraux, etc.

K

62. — Kielmann (C.-E.) directeur de l'Ecole agricole de Haasenfelde. — Guide pratique de **Drainage**, résultats d'observations et d'expériences pratiques, traduit pour l'usage des agriculteurs français par C. Hombourg. 1 vol. rel. 104 pages avec figures dans le texte...................... 2 fr. 50

La plupart des ouvrages publiés sur le drainage sont le résultat d'études théoriques que l'expérience n'a pas encore sanctionnées. M. Kielmann est entré dans une autre voie : il n'a eu recours à la théorie qu'autant que cela était nécessaire pour expliquer certains phénomènes. Comme il le dit dans sa préface, il voulait offrir à ceux qui commencent à s'occuper du drainage, et même au plus petit cultivateur un livre à la lecture facile et surtout compréhensible.

Extrait de la table des matières : — Quels sont les terrains qui ont besoin d'être drainés. — De la fabrication des tuyaux, leur longueur, largeur et épaisseur. — Préparation d'une bonne matière pour la confection des tuyaux. — Machine à étirer les tuyaux, préparation de l'argile. — De la cuisson des tuyaux, des travaux préparatoires, nivellement des tranchées, circulation de l'air à travers les tuyaux. — De la quantité d'eau qui s'écoule par les drains, etc.

63. — Koltz (M.-J.) chevalier de l'ordre R. G. D. de la Couronne de chêne, agent des eaux et forêts, etc., etc. — Guide pratique de la **culture du saule** et de son emploi en agriculture, notamment dans la création des oseraies et des saussaies, avec un appendice sur la **culture du Roseau**. 1 vol. rel. 144 pages et 35 figures dans le texte................ 3 fr.

Ce travail a pour objet de faire ressortir les avantages que procure la culture du saule dans les terrains qui lui conviennent, et qui, le plus souvent, ne peuvent être rendus productifs qu'à l'aide de cette essence; M. Koltz donne donc le moyen de mettre en produit des terrains vagues. Dans certains parages le roseau commun forme le complément obligé de l'osier ; l'appendice que M. Koltz a consacré à cette plante renferme des détails intéressants, surtout pour les propriétaires de terrains aujourd'hui tout à fait improductifs.

64. — LAFFINEUR (Jules), ingénieur civil et agronome, membre de plusieurs sociétés savantes, rédacteur des *Annales du Génie civil*. — Guide pratique de l'**Ingénieur agricole**. — Première partie : Hydraulique, dessèchement, drainage, irrigations, etc.; suivi d'un appendice contenant les lois, décrets, règlements et instructions ministérielles qui régissent ces matières, etc. — Deuxième partie : Guide pratique d'hydraulique urbaine et agricole, ou traité complet de l'établissement des conduites d'eau pour l'alimentation des villes, des bourgs, châteaux, fermes, usines, etc. comprenant les moyens de créer partout des sources abondantes d'eau potable. Les 2 parties reliées ensemble 1 vol., 396 p. avec fig. et 5 pl.......... 6 fr.

La deuxième partie, seule, se vend séparément...... 3 fr.

La partie *hydraulique* s'adresse plus particulièrement aux habitants des villes, aux grands propriétaires, à ceux qui ont mission d'étudier ou d'établir des conduites d'eau. La première partie s'occupe plus spécialement des travaux de la campagne. Les agriculteurs y trouveront des notions précises sur les travaux qu'il est de leur intérêt de faire exécuter, et des renseignements exacts sur leurs droits et leurs devoirs.

Extrait de la table. — Première partie : Classification des terrains. — Travaux de dessèchement, évaporation, infiltration. — Jaugeage des sources, des ruisseaux et rivières. — Tracé des canaux. — Description des procédés de dessèchement, colmatage, limonage, du drainage. — Irrigation, établissement d'un système d'irrigation. — Murs de soutènement des canaux, revêtements, radiers, déversoirs, barrages, syphon. — Des diverses méthodes d'arrosage. — Mise en culture des terrains à grandes pentes. — Jurisprudence rurale.

Deuxième partie : Origine des fontaines. — La recherche des sources. — Les inondations. — Formules et applications. — Reboisement des montagnes. — Jets d'eau. — Projet d'établissement de conduites d'eau. — Nomenclature des plantes qui caractérisent les terrains humides. — Canaux en terre, aqueducs, conduites en tuyaux, tuyaux employés pour les conduites. — Bornes-fontaines, etc.

65. — Traité de la **Construction des roues hydrauliques**, contenant tous les systèmes de roues en usage, les renseignements pratiques sur les dimensions à adopter pour

les arbres tournants, les tourillons, les bras de roues hydrauliques, etc., etc. 1 vol. rel., 142 p., de nombreux tableaux
et 8 pl. .... 3 fr. 50

L'auteur démontre dans sa préface que le perfectionnement
des machines motrices des usines est à la fois une nécessité
d'intérêt général et privé. Dans son ouvrage, il recherche et il
définit les principales conditions à remplir sous ce rapport, et
il donne ensuite tous les détails relatifs à la construction des
roues hydrauliques dans les meilleurs conditions possibles.

Fidèle à la méthode qui lui est propre, M. Laffineur s'est
surtout attaché à se faire comprendre par la simplicité des
termes employés et par les nombreux exemples qu'il donne.

Les planches sont d'une grande netteté, elles représentent
tous les systèmes de roues en usage, roues à palettes, roues
pendantes, roue en dessous et à aubes courbes, roues à augets,
roues horizontales, roue à niveau constant, frein dynamomé-
trique, etc.

66. — LANDRIN (H.-C. fils), ingénieur civil, **Traité de
l'acier**, théorie métallurgique, travail pratique, propriétés et
usages, 1 vol. rel., 312 p. avec fig. .... 5 fr.

Les deux ouvrages de MM. Landrin et Dessoye se complètent
l'un par l'autre. Ils donnent au complet la fabrication et l'emploi de l'acier. Nous avons dit, en parlant de celui de M. Dessoye, en quoi consistait son étude, nous allons, par un extrait
de la table des matières du livre de M. Landrin, indiquer en
quoi il complète le précédent. — Histoire de l'acier, sa découverte, sa métallurgie dans l'antiquité, et dans les différentes
contrées. — De la chaleur, de l'oxygène, du soufre, de la chaux,
des minerais de fer, des combustibles. — De l'acier et de sa
théorie. — Théorie de Réaumur, docimasie. — Métallurgie,
acier naturel, acier de fonte, acier puddlé, acier cémenté, acier
de fusion, acier du Wootz.

Nouveaux procédés : Procédé Chenot, procédé Bessemer, procédé Taylor, procédé Uchatuis, acier damassé. *Étoffes* : Travail de l'acier, raffinage soudure, recuit à la forge, trempe,
recuit à la trempe, écrouissage. *Propriétés de l'acier* : Des limes,
du fil d'acier, des aiguilles, tôle d'acier, des scies.

67. — LENOIR (A.), — **Calculs et comptes-faits** à l'usage
des industriels en général et spécialement des mécaniciens,
charpentiers, serruriers, chaudronniers, pompiers, toiseurs,
arpenteurs, vérificateurs, etc. Nouvelle édition de l'ouvrage
revue et complétée par Joseph Vinor. 1 vol. rel., 194 pages de
texte et tableaux .... 4 fr.

Le but que je me suis proposé en publiant une nouvelle édition du travail de Lenoir, était de répondre aux nombreuses demandes qui m'étaient adressées au sujet de cet ouvrage devenu introuvable.

Son objet est d'éviter aux chefs d'atelier une foule de calculs souvent assez difficiles à résoudre ; enfin c'est un aide-mémoire qui est appelé à rendre de grands services par le temps qu'il fait économiser. Il se divise comme suit : 1° Arithmétique. — 2° Conversion. — 3° Physique. — 4° Mécanique. — 5° Frottements, résistances. — 6° Cubage des métaux. — 7° Cubage des bois. — 8° Tables commerciales.

68. — LEROLLE (Léon), ancien élève de l'École d'agriculture de Grand-Jouan, membre de la Société d'horticulture de Marseille. — Traité pratique et élémentaire de **Botanique** appliquée à la culture des plantes. 1 vol. rel., VIII 464 p., 108 fig. dans le texte. . . . . 6 fr.

L'étude de la vie des plantes et celle de leur culture ont pris un grand développement. L'auteur a voulu présenter au lecteur un traité de botanique simple dans sa forme quoique rigoureusement exact au fond, afin d'instruire le cultivateur sur les phénomènes qui s'accomplissent chaque jour dans ses champs, ses forêts, ses jardins. On surcharge chaque jour le vocabulaire botanique : entre vingt noms différents servant à désigner le même organe, l'auteur a choisi ceux les plus vulgairement connus et s'est bien donné de garde surtout d'en inventer de nouveaux.

Extrait de la table : De la germination des graines, choix et conservation des graines. — De la végétation des plantes, des bourgeons. — Phénomènes souterrains, phénomènes aériens, phénomènes anatomiques de la végétation. — Nutrition des végétaux, nature des substances absorbées par les racines, sécrétion, transpiration. — Agents essentiels de la végétation. — De la reproduction des plantes, du périanthe, des étamines, du pistil, des ovules. — Floraison. — Fécondation. — Fructification. — Granification.

69. — LEROUX (Charles) ingénieur mécanicien, directeur de filature. — Traité pratique de la **laine peignée, cardée, peignée et cardée**, contenant : 1re *partie*, mécanique pratique, formules et calculs appliqués à la filature ; 2e *partie*, filature de la laine peignée, cardée peignée, sur la Mull-Jenny ; 3e *partie*, filage anglais et français sur continu ; 4e *partie*, laine cardée. 1 vol. rel. 400 p., 35 fig. dans le texte et 4 pl. . . 15 fr.

Extrait de la table des matières. — Choix d'un moteur. —

Transmissions. — Arbres de couches. — Courroies. — Poulies. — Engrenages. — Frottements. — Force des moteurs. — Leviers. — Fabrication. — Triage des laines. — Caractères des laines. — Main-d'œuvre du triage. — Battage. — Nettoyage des laines. — Dessuintage. — Dégraissage. — Graissage des laines. — Disposition mécanique d'un assortiment de cardes. — Aiguisement des garnitures. — Bourrages des garnitures. — Cordages. — Passage au Gill-Box. — Lissage et dégraissage des rubans. — Peignage des laines. — Préparation des laines pour filage français. — Les différents passages. — Filage français sur Mull-Jenny.

70. — LESCURE (O.), professeur à l'école centrale d'architecture. — **Traité de géographie**, physique, ethnographique et historique à l'usage des artistes, des écoles d'architecture et des gens du monde. 1 vol. rel. 351 pages.................. 3 fr.

Ce traité est le développement du programme de géographie sur lequel sont interrogés les candidats à l'Ecole spéciale d'architecture. C'est un ouvrage adopté aujourd'hui pour toutes les écoles professionnelles.

71. — LIEBIG (J.) — **Introduction à l'étude de la chimie**, contenant les principes généraux de cette science, les proportions chimiques, la théorie atomique, le rapport des poids atomiques avec le volume des corps, l'isomorphisme, les usages des poids atomiques et des formules chimiques, les combinaisons isomériques des corps catalyptiques, etc., accompagnée de considérations détaillées sur les acides, les bases et les sels, traduit de l'allemand par Ch. GHERHARDT, augmentée d'une table alphabétique des matières présentant les définitions techniques et les relations des corps. 1 v., 248 pages... 3 fr.

L'accueil favorable que cette traduction a rencontré en France rappelle le succès obtenu en Allemagne par l'édition originale de l'illustre savant, considéré à juste titre comme l'un des princes de la chimie moderne.

72. — LINÇOL. — Essai sur l'**Administration des entreprises industrielles et commerciales**. — 1 vol. rel. 343 pages. .... 5 fr.

Il nous suffira de reproduire le titre de quelques chapitres pour faire juger l'importance de cet ouvrage et indiquer combien il présente d'intérêt pour les personnes qui s'occupent de commerce et d'industrie.

Constitution des entreprises. — Conception du capital et de ses emplois : 1° dans l'industrie; 2° dans le commerce. — Des rapports entre entrepreneurs ou chefs de maison et leurs employés. — Des services administratifs (direction, secrétariat, correspondance, caisse, portefeuille, comptes courants, factures, main-d'œuvre, etc.). — De l'inventaire annuel. — De la liquidation.

73. — LUNEL (le docteur B.) médecin-chimiste, membre des Académies des sciences de Caen, de Chambéry, etc., ancien professeur de chimie et d'histoire naturelle. — Guide pratique d'**Économie domestique**, publié sous forme de dictionnaire, contenant des notions d'une *application journalière* : chauffage, éclairage, blanchissage, dégraissage, préparation et conservation des substances alimentaires, boissons, liqueurs de toutes sortes, cosmétiques, soins hygiéniques, médecine, pharmacie etc., 1 vol. 227 pages.......................... 3 fr.

L'économie domestique, longtemps dédaignée, s'est élevée aujourd'hui au point de devenir elle-même une science. Le guide de M. le docteur Lunel, sous la forme commode de dictionnaire, constitue une véritable encyclopédie de cette science nouvelle.

74. — Guide pratique de l'**Épicerie** ou Dictionnaire des denrées indigènes et exotiques en usage dans l'économie domestique, comprenant : l'étude, la description des objets consommables ; les moyens de constater leurs qualités, leur nature, leur valeur réelle ; les procédés de préparation, d'amélioration et de conservation des denrées, etc., contenant, en outre, la fabrication des liqueurs, le collage des vins, les moyens de guérir leurs maladies, etc., enfin les procédés de fabrication d'une foule de produits que l'on peut ajouter au commerce de l'épicerie. 1 vol. rel. 256 p......................... 3 fr.

Le commerce de l'épicerie et des denrées indigènes et exotiques d'un usage journalier, est l'un des plus importants et des plus utiles pour la Société. Il était regrettable que cette branche si étendue du commerce n'ait pas encore son livre spécial. Sans doute on trouve dans nombre d'ouvrages l'histoire des denrées indigènes et exotiques. Réunir sous forme de dictionnaire toutes ces données éparses afin de faciliter les renseignements, tel a été le but que s'est proposé le docteur Lunel en publiant son livre sur l'épicerie.

75. — Guide pratique du **Parfumeur**. Dictionnaire raisonné des **Cosmétiques** et **Parfums**, contenant : la description des substances employées en parfumerie, les altérations ou falsifications qui peuvent les dénaturer, etc., les formules de plus de 500 préparations cosmétiques, huiles parfumées, poudres dentifrices dilatoires, eaux diverses, extraits, eaux distillées, essences, teintures, infusions, esprits aromatiques, vinaigres et savons de toilette, pastilles, crèmes, etc. avec des considérations hygiéniques sur les préparations cosmétiques qui peuvent offrir des dangers dans leur emploi. 1 vol. rel. rédigé sous forme de dictionnaire avec un appendice xxvii-340 pages....... 5 fr.

La parfumerie est une industrie qui, bien comprise et loyalement faite, se rattache d'un côté à l'hygiène et de l'autre est destinée à satisfaire des goûts et des sensations commandées par le luxe et une civilisation plus ou moins avancée.

M. Lunel divise la fabrication en trois classes : fabrique de parfumeries à bon marché, fabrique dont les produits sont coûteux et enfin les fabriques mixtes dans les vastes magasins desquelles on trouve aussi bien les produits ordinaires que les produits extra-fin.

M. Lunel donne des renseignements précieux sur toutes ces préparations et son livre a cela de précieux qu'il donne toutes les formules et les secrets de la fabrication.

76. — Guide pratique d'Hygiène et de médecine usuelle complété par le traitement du *choléra épidémique*. 1 vol. relié 209 pages .... **2 fr.**

Ce livre ne s'adresse à aucune spécialité de lecteurs et convient à tout le monde. Il se subdivise en hygiène privée et en hygiène publique. Dans la première partie, l'auteur examine dans quelle mesure l'homme qui veut conserver sa santé doit, selon son âge, sa constitution et les circonstances dans lesquelles il se trouve, user des choses qui l'environnent et de ses propres facultés, soit pour ses besoins, soit pour ses plaisirs. Dans la seconde, il s'occupe de tout ce qui concerne la salubrité publique. Un chapitre spécial est consacré à la médecine des accidents.

77. — Guide pratique de l'Acclimatation des animaux domestiques, étude des animaux destinés à l'acclimatation, la naturalisation et la domestication : Animaux domestiques, méthodes de perfectionnement, mammifères, oiseaux, poissons, (*Pisciculture*), insectes, (vers à soie) ; précédée de considérations générales sur les climats, de l'Exposé des diverses classifications d'histoire naturelle, etc. 1 vol. rel. 188 pages, avec figures dans le texte. .... **3 fr.**

M. le docteur Lunel a résumé les notions concernant l'acclimatation disséminées dans un grand nombre d'ouvrages volumineux. Ce livre sera consulté avec fruit par toutes les personnes qu'intéresse la grande question de l'acclimatation. Il peut être considéré comme un guide sûr dans les jardins d'acclimatation où sont réunies toutes les races d'animaux indigènes et étrangères. Ce livre donne d'une manière concise et substantielle les notions usuelles nécessaires pour l'étude des animaux destinés à l'acclimatation, la naturalisation et la domestication.

78. — Guide pratique pour reconnaître **les falsifications** ou **Dictionnaire des falsifications** des substances alimentaires (aliments et boissons), contenant : La description de *l'état naturel ou normal des substances alimentaires et leur composition chimique*, les moyens de constater leur nature, leur valeur réelle ; les altérations spontanées, accidentelles, qu'elles peuvent subir et les moyens de les prévenir ; les altérations et falsifications qui les dénaturent, c'est-à-dire qui en modifient l'aspect, la saveur, les propriétés nutritives et qui les rendent souvent dangereuses ; enfin, les moyens chimiques de rendre sensibles les altérations, falsifications et contrefaçons des diverses substances alimentaires. 1 vol. rel. 200 pages....   **5 fr**

COURTOIS-GÉRARD. — *Jardinage.*

M

79. — MALO (Léon), ingénieur civil, ancien élève de l'École centrale. — Guide pratique pour la fabrication et l'application de l'**Asphalte** et des **Bitumes**, 1 vol. rel., III-319 pages, 7 planches... 5 fr.

L'usage de l'asphalte et des bitumes se généralise. L'asphalte après les ciments et les mortiers vient prendre immédiatement sa place dans les constructions, et cependant il n'existait pas de traité pratique sur la fabrication et l'emploi de ces substances. Le livre de M. Malo comble cette lacune. Il abonde en renseignements intéressants non-seulement pour les ingénieurs, mais aussi pour les autorités municipales. Il contient aussi des données d'un grand intérêt au point de vue historique, c'est-à-dire sur les origines de l'asphalte. Ce guide pratique est accompagné de sept planches, dont quelques-unes de très-grand format.

Extrait de la table des matières. — Définition, description historique de l'asphalte. — Nomenclature et régime des principales mines. — Extraction, préparation et cuisson. — Du bitume. — Manière d'employer l'asphalte. — Usages divers de l'asphalte. — Asphalte comprimé. — Notes et documents divers.

80. — MARIOT-DIDIEUX, vétérinaire en premier aux remontes de l'armée, membre et lauréat de plusieurs sociétés savantes. — **Éducation lucrative des poules**, ou Traité raisonné de gallinoculture, 444 pages ; suivi du Guide pratique de l'éducation lucrative des **oies** et des **canards** 180 pages avec figures. — Les deux parties reliées ensemble en un seul volume..................................... 6 fr.

L'éducation, la multiplication et l'amélioration des animaux qui peuplent les basses-cours ont fait depuis une quinzaine d'années de notables progrès. Répondant à un besoin de l'économie domestique, l'auteur de ce guide pratique a voulu faire un traité complet de gallinoculture dans lequel, après des considérations historiques, anatomiques et physiologiques sur les poules, il décrit les caractères physiques et moraux de quarante-deux races, apprend à faire un choix parmi ces races si diverses et indique les moyens de conservation et de multiplication des individus. Des chapitres spéciaux sont consacrés aux maladies, à la pharmacie gallinée, à la statistique des poules et des œufs de la France, etc.

Dans la deuxième partie, l'auteur donne deux monographies à la fois utiles, instructives et amusantes. Il décrit les mœurs particulières de chaque espèce et indique le genre de nourriture favorable à leur multiplication et propre à donner des bénéfices aux éleveurs. Toutes ces notions, parsemées de données historiques, d'anecdotes, de réflexions philosophiques, offrent une lecture des plus attrayantes.

Les ouvrages de M. Mariot-Didieux sont au premier rang parmi ceux qui enrichissent notre bibliothèque. Aussi voulons-nous, pour en mieux faire ressortir le mérite, donner ici le sommaire des principaux chapitres :

1° *Gallinoculture.* — De la poule, son antiquité, son utilité, expositions, concours, anatomie, considérations physiologiques, des sensations, voix du coq, voix de la poule. — Choix des races. — Signes extérieurs de la ponte. — Considérations sur les races de poules. — Races françaises, hollandaises, belges, anglaises, espagnoles, italiennes, prussiennes. — Races asiatiques, indiennes, japonaises, indo-chinoises. — Races syriennes, africaines, américaines. — Races de l'Océanie. — Du croisement des races. — Dépenses et produits de la poule. — Du poulailler, de la cour, des œufs. — Moyens de reculer, d'augmenter ou d'avancer la ponte. — Fécondation du coq. — Castration ou chaponnage des coqs. — De l'incubation. — Élevage des poulets. — Maladies des poules. — De la saignée. — Pharmacie. — Vente des produits, etc.

2° *L'Oie.* — Histoire naturelle. — Races françaises, petite race, grosse race et leurs variétés au nombre de cinq. — Races étrangères, elles sont au nombre de douze. — Produits de l'oie, du plumage, de la multiplication, des accouplements, de la ponte, de l'incubation. — Éclosion, nourriture des oisons, nourriture ordinaire des oies. — Logement. — Engraissements. — Foies gras. — Manière de tuer les oies. — Commerce, vente, mégissage des peaux d'oies pour fourrures. — Maladies, hygiène.

3° *Du canard.* — Histoire naturelle, mœurs. — Races françaises, elles sont au nombre de quatre. — Races étrangères, on en compte onze principales. — De la ponte. Manière d'augmenter la ponte. — De l'incubation naturelle. — Des canards mulets. — Nourriture et élevage des canetons, engraissement. — Vente des canetons. — Comment on doit tuer le canard. — Du plumage. — Habitation. — Maladies. — Hygiène, etc.

La deuxième partie, **Oies et Canards**, 1 vol. rel., se vend séparément.. **3 fr.**

81. — Guide pratique de l'**Éducateur des lapins,** ou Traité de la race cuniculine, suivi de l'Art de mégisser leurs peaux et d'en confectionner des fourrures. 1 vol., 156 p. 2 fr. 50.

L'industrie de l'éducation de la race cuniculine est créée et elle marche vers le progrès. C'est dans le but de la voir se propager dans les campagnes comme une des industries peut-être les plus propres à tarir les sources du paupérisme et de la misère que l'auteur a publié cette nouvelle édition de son *Guide pratique*, en l'enrichissant d'un grand nombre de données nouvelles. En résumé, l'auteur démontre qu'aucune viande ne peut être produite à aussi bon marché que celle du lapin. L'auteur, en terminant sa préface, adjure les habitants des campagnes de se livrer à l'éducation des lapins, parce qu'ils y trouveront sans beaucoup de soins une source abondante de bien-être.

82. — Le **Chasseur médecin,** ou traité complet sur les maladies du chien, par M. Francis CLATER, vétérinaire anglais, traduit de l'anglais sur la 27ᵉ édition. 3ᵉ édition française, corrigée et augmentée, par M. Mariot-Didieux. 1 vol., 189 p. 3 fr.

La mention que ce livre a eue en Angleterre (vingt-sept éditions) dispense de tout commentaire. Le guide que nous avons placé dans notre Bibliothèque en est la troisième édition française. M. Mariot-Didieux, le savant vétérinaire, en acceptant la révision de cette édition, s'est attaché à supprimer dans le texte original des formules trop compliquées, à en simplifier d'autres et à en ajouter de nouvelles. Ainsi entièrement refondu, l'ouvrage est véritablement un traité complet sur les maladies du chien, traité auquel un chapitre sur l'art de mégisser les peaux pour en faire des tapis sert de complément.

83. — MERLY (J.-F.), charpentier, entrepreneur de travaux publics, membre de la Société industrielle d'Angers, auteur de l'album du Trait théorique et pratique, etc. — Le **Livre de poche du Charpentier,** application pratique à l'usage des CHANTIERS, des ÉLÈVES DES ÉCOLES PROFESSIONNELLES, etc. Collection de 140 ÉPURES, 1 vol. relié, 287 pages de texte et planches en regard.. 6 fr.

A propos du *Livre de poche du Charpentier*, nous répétons ce qui a été dit d'un autre livre de M. Merly. Les deux ouvrages méritent les mêmes éloges :
M. Merly n'est pas un savant qui doit s'efforcer d'oublier la technologie de l'école pour parler le langage ordinaire de la plupart de ses auditeurs. M. Merly est, au contraire, un ouvrier, un homme pratique, qui a cherché à se faire comprendre par

les compagnons de travail auxquels il s'adressait, et qui est
arrivé à des démonstrations si claires, à des explications si naturelles, que les théoriciens eux-mêmes ont bientôt eu à s'in-
spirer de ses travaux. Rien de plus net que ses dessins, rien de
plus simple que ses préceptes : c'est en quelque sorte en se
jouant qu'il arrive aux épures les plus compliquées. L'*Album
du Trait théorique et pratique* restera comme une preuve des
résultats que peuvent donner l'intelligence, la persévérance et
l'amour du travail. — Le *Livre de poche du Charpentier* est le
résumé des cours faits par M. Merly à ses compagnons charpentiers. Il est écrit d'une façon tellement compréhensible que les
propriétaires, à la campagne, pourront en prendre utilement
connaissance et s'en servir pour diriger leurs travaux, lorsqu'ils
ne trouveront pas sous la main des hommes de la profession.

84. — MIÉGE (B.), directeur de lignes télégraphiques. — Guide
pratique de **Télégraphie électrique**, ou *Vade mecum* pratique à l'usage des employés des lignes télégraphiques, suivi
du programme des connaissances exigées pour être admis au
surnumérariat dans l'administration des lignes télégraphiques.
1 vol. relié, xi-148 pages, avec 45 figures dans le texte.. **3 fr.**

M. Miége n'a pas voulu faire seulement un livre utile, mais
bien un guide indispensable. Aux notions préliminaires sur le
magnétisme, les différentes sources d'électricité et les propriétés
des courants, succède la description de tous les appareils usités,
avec l'indication des signaux généralement adoptés. Des formules d'une grande simplicité permettent de se rendre compte
de l'intensité des courants et de rechercher la cause des dérangements. L'ouvrage de M. Miége sera aussi d'une incontestable
utilité pour toute personne qui veut acquérir la connaissance
des lois de l'électricité appliquées à la télégraphie.

Principales divisions de l'ouvrage : — Magnétisme. — Électricité produite par le frottement. — Électricité due aux actions
chimiques. — Propriétés des courants électriques. — Description des principaux appareils électriques, télégraphe à cadran,
télégraphe à signaux, télégraphe Morse. — Description des appareils accessoires, dérangements. — Appareils divers. — Piles
et courants.

85. — MONIER (E.), ingénieur chimiste, ancien élève de l'École
centrale des arts et manufactures.—Guide pour l'essai et l'**Analyse des Sucres** indigènes et exotiques, à l'usage des fabricants de sucre. Résultats de 200 analyses de sucre classés d'a-
près leur nuance. 1 vol. relié, 96 pages, avec figures dans le
texte et tableaux .... **3 fr.**

L'auteur, après avoir rappelé les propriétés générales des substances saccharifères, donné les méthodes les plus simples qui permettent de doser avec précision ces mêmes substances. Quelques notes sur l'altération et le rendement des sucres soumis au raffinage terminent le travail de M. Monier, dont M. Payen a fait un éloge mérité devant l'Académie des sciences.

86. — Moreau (L.), bijoutier et dessinateur. — Guide pratique du **Bijoutier**. Application de l'harmonie des couleurs dans la juxta-position des pierres précieuses, des émaux et de l'or de couleur. 1 vol. rel., 108 p., avec 2 planches col... 3 fr.

Ce petit livre est une protestation hardie contre l'esprit de routine. L'auteur a réuni les données fournies par la science sur l'harmonie et le contraste des couleurs, et comparant ces données aux observations faites dans la pratique du métier, il a formé une théorie applicable à la bijouterie.

87. — Mulder (G.-J.), professeur à l'université d'Utrecht. — Guide du brasseur ou l'**Art de faire la bière**, traité élémentaire théorique et pratique. La bière, sa composition chimique, sa fabrication, son emploi comme boisson, traduit de l'allemand et annoté par L.-F. Dubief, chimiste, auteur d'un ouvrage sur la bière, devenu rare aujourd'hui et remplacé par celui dont nous donnons ici le titre, d'un traité de vinification, etc. 1 vol. relié, viii-444 pages .... 6 fr.

On a beaucoup écrit sur ce sujet. On compte cinq auteurs français, six anglais, six prussiens et un ouvrage d'un auteur italien; en outre, les revues périodiques et de petits opuscules restés inconnus. M. Mulder a tâché d'analyser tous ces écrits pour en tirer la quintessence, en y apportant de son propre fond. C'est un travail consciencieusement écrit, fruit de laborieuses études dont le brasseur pourra faire son profit.

N

88. — Noguès (A.-F.), professeur de sciences physiques et naturelles. — Guide pratique de **Minéralogie appliquée** (histoire naturelle inorganique) ou connaissance des combustibles minéraux, des pierres précieuses, des matériaux de construction, des argiles céramiques, des minerais manufacturiers et des laboratoires, des minerais de fer, de cuivre, de zinc, de plomb, d'étain, de mercure, d'argent, d'antimoine, d'or, de platine, etc. 2 vol. rel., ensemble 919 p. et 248 fig.......... 12 fr.

Cet ouvrage a été écrit principalement pour les personnes qui désirent acquérir des notions justes, pratiques et usuelles sur les minerais métallifères et les minéraux employés dans les arts et l'industrie. Les étudiants qui suivent les cours des Facultés, les élèves des Écoles spéciales et industrielles, les ingénieurs, les élèves des Écoles des mines, les mineurs, les agriculteurs, les directeurs d'exploitations minières, les gardes-mines, les amateurs et les gens du monde qui voudront acquérir des connaissances pratiques en minéralogie, le consulteront avec fruit.

Ce guide a été conçu dans un esprit essentiellement pratique et industriel. M. Noguès, en publiant cet ouvrage, a voulu offrir au public le cours de minéralogie qu'il professe avec tant de succès à l'École centrale des arts et manufactures de Lyon. — Nous ne donnons pas ici la table des matières contenues dans l'œuvre de M. Noguès, elle est trop considérable, mais nous indiquerons le sommaire des chapitres.

I. Définitions des termes et généralités. — II. Caractères géométriques des minéraux ou cristallogie.—Cristallographie comparée ou morphologie minérale. — Cristallogénie. — Caractères physiques, chimiques et géologiques des minéraux. — Classification des minéraux. — Description des espèces minérales — Appendice au carbone. — Organolithes. — Classifications.

O

89. — Ortolan (A.), mécanicien chef de la marine de l'État
et Mesta (J.), mécanicien principal. — Guide pratique pour
l'étude du **Dessin linéaire** et de son application aux professions industrielles. 1 vol. rel., lxxvi-204 pages et un atlas
de 41 planches doubles, grav. par Ehrard............ 6 fr.

Cet ouvrage recommandable est aujourd'hui adopté dans plusieurs écoles industrielles; on le trouve dans tous les ateliers.
Un dictionnaire des termes techniques lui sert d'introduction, ce
qui a permis aux auteurs de donner dans le cours de leur travail des indications sur les détails sans obliger l'élève à recourir au texte des premières leçons. C'est donc par la nomenclature des instruments indispensables à l'étude du dessin que
les auteurs ont débuté, puis arrivant à l'application, ils donnent la définition des lignes géométriques : le point, ligne droite,
brisée, courbe; arc de cercle, rayon; les angles. — Tracé des
parallèles et des perpendiculaires. — Construction des angles,
figures géométriques. — Des triangles et de leur construction.
— Des quadrilatères les plus usités et de leur construction. —
Tangentes et sécantes à la circonférence. — Angles inscrits et
circonscrits à la circonférence. — Polygones réguliers, figures
inscrites et circonscrites. — Définition et construction. — Mesures et divisions des lignes. — Mesure des angles. — Rapporteurs. — Des Solides. — Du plan horizontal et du plan vertical,
des projections, des croquis, de la vis. — Exécution d'un dessin
d'après un croquis coté et sur une échelle de convention. — Exécution d'un dessin d'ensemble avec projection de coupe. — Des
engrenages ou roues dentées. — De quelques courbes et de leur
tracé. — Rédaction et copie d'un dessin. — Dessins ombrés
au tire-ligne, du lavis, etc., etc.

Cette énumération sommaire des chapitres indique suffisamment la portée de l'ouvrage que nous préconisons. Il présente en outre cet avantage c'est qu'avec lui on peut se dispenser
du professeur par la façon lucide dont toutes les explications
sont présentées.

90. — Guide pratique de l'**Ouvrier Mécanicien** ou la
Mécanique de l'atelier par MM. Bonnefoy, Cochez, Dinée,
Gibert, Guipont, Juhel et Ortolan, mécaniciens en chef et mécaniciens principaux de la marine de l'État. 1 vol. rel., x-627

pages, nombreuses figures dans le texte et atlas de 52 planches.
Texte et atlas rel.............................. 12 fr.

Extrait de la Préface. — L'ouvrier mécanicien est un recueil
de faits réunis sous la forme de calculs arithmétiques accessibles à toutes les personnes qui savent faire les quatre premières règles. Nous ne saurions trop recommander aux ouvriers qui ne sont plus familiarisés avec les signes et les
annotations des mathématiques élémentaires, de ne pas croire
qu'il y a pour eux quelque difficulté à comprendre les formules
écrites dans ce livre et à s'en servir. Les calculs qu'elles résu-
ment sous la forme la plus simple sont suivis d'un ou de plusieurs exemples d'application.

Les parties du texte imprimées en caractères plus forts, contiennent les indications simples et précises sur le plus grand
nombre de cas d'application de la mécanique aux professions
industrielles. Ces indications proviennent de l'expérience des
ingénieurs et des constructeurs en renom et de celle des auteurs du livre.

Les parties du texte imprimées en petits caractères, traitent
le côté plus théorique que pratique des questions. On peut se
dispenser de les étudier, si on ne veut trouver dans l'Ouvrier
mécanicien que le secours d'un formulaire pour l'application
immédiate.

Principales divisions de l'ouvrage : Arithmétique. — Algèbre
pratique, — Géométrie pratique. — Mécanique élémentaire,
forces, transformation des mouvements, résistance des matériaux. — Machines motrices à air, pompes, machines hydrauliques. — Machines à vapeur : de la chaleur, de la vapeur, con-
densateur, chaudières, données et renseignements divers.

Vingt-cinq tables numériques complètent les données prati-
ues sur les questions d'application.

L'atlas comprend 52 planches ainsi divisées :
Géométrie pratique et lignes trigonométriques. . 8 pl. 126 fig.
Mécanique appliquée. . . . . 15 — 124 »
Hydraulique. Machines élévatoires et pompes. 8 — 52 »
        — 	Machines motrices, roues, turbines. 6 — 47 »
Chaudières et machines à vapeur. . . . . . . 15 — 60 »

P

91. — Perdonnet (A.), ancien élève de l'École polytechnique, ancien ingénieur en chef de plusieurs chemins de fer, etc. — **Notions générales sur les chemins de fer**, statistique, histoire, exploitation, accidents, organisation des compagnies, administration, tarifs, service médical, institution de prévoyance, construction de la voie, voitures, machines fixes, locomotives, nouveaux systèmes, suivies des Biographies de Cugnot, Seguin et George Stephenson, d'un mémoire sur les avantages respectifs des différentes voies de communication, d'un mémoire sur les chemins de fer considérés comme moyens de défense d'un pays, et d'une Bibliographie raisonnée. 1 vol. rel., 452 p., avec de nombreuses figures dans le texte. 15 fr.

Après avoir publié son grand ouvrage technique sur les chemins de fer (*Le portefeuille de l'Ingénieur des chemins de fer*. 6 vol. in-8°, 2 atlas grand in-f° de 300 pl. Prix 350 fr.) qui s'adresse directement aux hommes spéciaux, M. A. Perdonnet a voulu, dans ses *Notions générales*, se rendre intelligible pour tout le monde. Outre les questions techniques et économiques, il a traité dans ces *Notions* des questions d'organisation des Compagnies et d'exploitation dont il n'avait pas à parler dans le portefeuille. Nous signalons l'importance des renseignements historiques et statistiques dont M. Perdonnet a enrichi notre publication.

Sommaire des chapitres. — Statistiques. — Histoire. — Des accidents. — Législation des chemins de fer. — Formation du capital des Compagnies. — Organisation et administration. — De la comptabilité. — Des tarifs. — Salaires des employés, durée du travail, institution de prévoyance, service médical. — Avantages respectifs des voies navigables et des chemins de fer au point de vue commercial. — Description technique. — Frais de construction. — Entretien et exploitation. — Travaux de terrassement, travaux d'art. — Établissement de la voie de fer et matériel fixe. — Matériel roulant, signaux, etc.

92. — Pernot (L.-P.), officier de la Légion d'honneur, architecte-vérificateur des travaux publics. — **Guide pratique du Constructeur.** Dictionnaire des mots techniques employés dans la construction, à l'usage des architectes, propriétaires, entrepreneurs de maçonnerie, charpentes, serrurerie, couvertures, etc., renfermant les termes d'architecture civile, l'ana-

lyse des lois de voierie, des bâtiments etc. Nouvelle édition, corrigée, augmentée et entièrement refondue, par C. TRON-QUOY, ingénieur civil. 1 vol. rel. de 532 pages de texte compacte... 6 fr.

Les premières éditions de ce *Dictionnaire de la construction* étaient complétement épuisées. Pour répondre aux nombreuses demandes qui lui parvenaient, le directeur de la *Bibliothèque des professions industrielles et agricoles* ne s'est pas borné à faire réimprimer le travail primitif ; il a voulu que dans la nouvelle édition aucun des progrès réalisés pendant les quinze dernières années ne fût omis, et M. C. Tronquoy, l'un de nos ingénieurs civils les plus distingués et en même temps l'un de nos tech-nologistes les plus érudits, collaborateur des *Annales du Génie civil*, a bien voulu se charger du travail ingrat d'une révision complète de l'œuvre. Le *Dictionnaire* que nous annonçons est le résultat de ce travail consciencieux.

93. — PERRONNE (Eug.), ingénieur des ponts-et-chaussées. — Guide pratique pour le tracé des **Courbes sur le terrain.** 1 vol. rel. 66 p. avec tableaux et figures dans le texte... 3 fr.

Les ouvrages spéciaux destinés à faciliter les opérations des ingénieurs sur le terrain sont généralement volumineux ou in-complets. Volumineux, leur transport est un embarras. Incom-plets, au lieu de faciliter les opérations, ils font perdre un temps précieux en recherches sans résultats.

M. E. Perronne a su éviter ce double écueil.

Il a réuni dans un format commode : La table des *tangentes d'un cercle* de 1,000 mètres de rayon, pour tous les angles, de deux en deux minutes, compris entre un et deux angles droits. — La table des *cercles* donnant les coordonnées d'un arc de 45 degrés pour 42 cercles d'un rayon compris entre 100 et 2,000 mètres. — La table des *flèches* d'un cercle de 1,000 mètres de rayon, pour tous les angles, de deux en deux minutes, compris entre un et deux angles droits. — La table des *arcs* de ce même cercle. — La table de conversion de la graduation centésimale en sexagésimale pour tous les angles, de centigrade en centigrade, compris entre un et deux angles droits. — Des instructions concernant le lever des plans à la boussole (rapport sur l'épure au moyen des coordonnées orthogonales, sans faire usage du rapporteur), avec application, 1° à un plan levé au graphomètre ; 2° à un plan levé à l'équerre d'arpenteur ; 3° à un plan levé à la chaîne seule.

Chaque table est précédée d'une explication et d'une figure géométrique. M. Perronne a voulu démontrer ses formules, parce qu'il sait que si sur le terrain on aime à opérer vite.

dans le cabinet on veut se rendre compte du *pourquoi* des résultats obtenus.

94. — POURIAU (A. F.), docteur ès-sciences, ancien élève de l'école centrale, professeur à l'école d'agriculture de Grignon, etc. — Eléments des **Sciences physiques** appliquées à l'agriculture, ouvrage divisé en deux parties. 2 vol. reliés. Ensemble 1060 pages et 220 fig. dans le texte.................. **14 fr.**

1er VOLUME. — *Chimie inorganique*, suivie de l'étude des marnes, des eaux et d'une méthode générale pour reconnaître la nature d'un des composés *minéraux* intéressant l'agriculture ou la médecine vétérinaire. 1 vol. rel. 512 pages, 153 figures dans le texte et tableaux.

2e VOLUME. — *Chimie organique*, comprenant l'étude des éléments constitutifs des végétaux et des animaux, des notions de physiologie végétale et animale, l'alimentation du bétail, la production du fumier, etc. 1 vol. rel. 541 p., 66 figures dans le texte et tableaux.

M. Pouriau, aujourd'hui professeur et sous-directeur à l'Ecole d'agriculture de Grignon, a été nommé secrétaire général de la Société d'agriculture de Lyon à l'élection. Voilà quelques-uns des titres du savant professeur ; quant à ses ouvrages, ils sont promptement devenus classiques et ils sont en même temps consultés avec fruit par tous les agriculteurs, les propriétaires les gentilshommes-fermiers et par tous les gens d'étude et les gens du monde. Pour cette dernière classe de lecteurs, nous citerons le passage de la préface qui indique que cet ouvrage a été en partie rédigé à leur intention.

« Mais, d'autre part, je conseille aux gens du monde, que de semblables détails ne peuvent que médiocrement intéresser, de laisser de côté ces paragraphes, pour reporter leur attention sur les autres chapitres. -

« Enfin, toujours guidé par le désir de satisfaire aux besoins de chaque classe de lecteurs, j'ai indiqué, *en note et séparément* la préparation des principaux corps étudiés, parce que cette branche du cours ne saurait être utile qu'à ceux en position de faire quelques manipulations.

« Si les amis de la science agricole me prouvent, par un accueil bienveillant fait à mon livre, que j'ai suivi la bonne voie, je leur en témoignerai ma reconnaissance, en leur offrant successivement les autres parties de mon enseignement. »

95. — Manuel du **Chimiste-Agriculteur**. 1 vol. rel. 460 pages, 148 figures dans le texte et de nombreux tableaux, suivi d'un appendice.. 7 fr.

Ce volume forme en quelque sorte le complément de la *Chimie organique* et de la *Chimie inorganique*. Il fait connaître les diverses manipulations qui sont décrites avec un très-grand soin. Il contient, en outre, un grand nombre d'indications d'une utilité toute pratique.

L'intention de l'auteur en le publiant a été d'offrir aux personnes qui s'occupent de Chimie agricole un guide renfermant la description des méthodes les plus simples à suivre dans l'analyse des divers composés naturels ou artificiels qui sont du domaine de l'agriculture. Désireux de mettre son livre à la portée de tout le monde, l'auteur a toujours eu le soin dans l'exposé de ses méthodes, d'établir deux catégories d'essais. Les unes essentiellement pratiques et accessibles à tous et les autres plus exactes et qui exigent une plus grande habitude des manipulations chimiques.

96. — Prouteaux (A.), ingénieur civil, ancien élève de l'Ecole centrale des arts et manufactures, directeur de fabrique. — Guide pratique de la **Fabrication du Papier et du Carton**. 1 vol. rel. 273 pages, 7 pl.................... 5 fr.

Après avoir énuméré et classé méthodiquement les diverses matières premières, l'auteur nous initie aux détails de la fabrication et nous décrit les nombreuses transformations que subit le chiffon avant de sortir de la cuve ou de la machine sous forme de papier. Il nous apprend à connaître et à distinguer les différentes espèces de papier, leurs formats, leurs poids, leurs dimensions, et décrit les diverses machines qui constituent le matériel d'une papeterie. — Un éditeur américain s'est empressé de faire traduire en anglais l'ouvrage de M. Prouteaux, c'est le meilleur éloge que nous en puissions faire.

R

97. — Rambosson (M. J.), rédacteur de la *Science pittoresque* et d'autres revues scientifiques et industrielles. — **La Science populaire,** revue du progrès des connaissances utiles et de leurs applications aux arts et à l'industrie. **Choix de lectures instructives,** mises à la portée des gens du monde. 4 parties reliés en 2 forts volumes............................ 16 fr.

Cet ouvrage peut être donné en prix, c'est aussi un très-joli cadeau à faire au moment du nouvel an.

Sommaire des principaux chapitres. — 1ʳᵉ *partie.* Philologie.— Astronomie. — Acoustique. — Electricité et magnétisme. — Météorologie. — Chimie. — Agriculture et histoire naturelle. — Hygiène et médecine. — 2ᵉ *partie.* Mathématiques. — Astronomie. — Physique. — Chimie métallurgique. — Variétés. — 3ᵉ *partie.* Bolides. — Etoiles filantes. — Aérolithes. — Les ouragans. — Le mirage. — Zoologie. — Physiologie, etc., avec une carte des ouragans et une carte du ciel. — 4ᵉ *partie.* Minéralogie, de l'argent, de l'or, du bronze. — Botanique, la canne à sucre, le haschisch, le caoutchouc, le camphre. — Hygiène et médecine. Le choléra, typhus contagieux des bêtes à cornes. — Variétés, etc.

98. — Reynaud (Joseph), de Nîmes, négociant et manufacturier. — Guide pratique de la **Culture de l'olivier,** son fruit et son huile. 1 vol. rel., 300 pages............... 4 fr.

Le livre de M. Reynaud est le fruit de trente-cinq années de durs travaux, de longues veilles, de nombreux voyages, de recherches patientes, de minutieuses expériences : aussi les procédés de M. Reynaud n'ont-ils pas tardé à être pratiqués par tous les cultivateurs.

Extrait de la table des matières. — Origines, légendes et traditions de l'olivier. — Emploi, usages des produits de l'olivier. — Limites géographiques. — Description, place dans la nomenclature botanique ; variétés. — Meilleures pratiques de culture ; maladies ; insectes. — Olives comestibles de table. — Fabrication de l'huile. — Expériences diverses ; rendement ; sels anti-alcalineux. — — Statistique de la production des départements à oliviers.

99. — Rou (Louis), ingénieur des poudres. — **Armes et poudres de chasse.** 1 vol. rel., de 138 pages.   **3 fr.**

Ce livre renferme des indications précieuses pour tout chasseur qui veut se rendre compte des qualités de sa poudre et des ressources de l'arme qu'il a en main. Par sa position, M. Roux a pu puiser ses renseignements aux sources officielles, et n'oublions pas que la fabrication de la poudre étant un monopole du gouvernement, il fallait un homme qui occupât une semblable position pour connaître les détails de toutes les expériences comparatives dont il rend compte. De plus, l'auteur du livre est un fervent chasseur et ce sont les observations qu'il a pu faire lui-même qu'il communique au lecteur. Il lui fait remarquer tout d'abord que les *poudres françaises* sont de beaucoup supérieures aux *poudres anglaises*, et à qualités égales bien autrement meilleur marché que celles de nos voisins. Mais en France il suffit souvent qu'un produit soit exotique pour que sottement il soit prôné au détriment du produit national. Seul, le soldat français conservait sa confiance et sa fierté et se croyait le premier soldat du monde, et le soutenait de la langue et de l'épée. Mais voilà qu'après Sedan notre pauvre Dumanet lui aussi a perdu un peu de sa confiance; il la retrouvera, je l'espère, à l'heure de la revanche. En attendant il est bon ton de dire que les commis, les employés et les ouvriers français ne sont bons à rien, et vous voyez tailleurs, cordonniers, banquiers, etc., reprendre à leur service les Allemands de plus belle jusqu'au jour où ceux-ci, déguisés en uhlans, viendront de nouveau éventrer leurs barriques, briser leur caisse, fusiller leurs femmes et leurs enfants, piller leurs maisons et souiller de leurs ordures les quelques rares habitations restées debout après le passage de ces blonds enfants de la vaporeuse Germanie. Nous voilà un peu loin de notre sujet; mais en parlant de *poudre*, nous nous sommes laissé entraîner à cette disgression, qu'on la pardonne à un vieux soldat d'infanterie de marine qui a perdu tant de braves compagnons.

100. — Rozan (Ch.), professeur de mathématiques. — **Leçons de Géométrie élémentaire.** 1 vol. et un atlas relié de 262 pages de texte et 31 planches doubles.............. **6 fr.**

En résumant les principes essentiels de la géométrie élémentaire, ceux qui conduisent directement à la mesure des lignes, des surfaces et des corps, l'auteur s'est attaché surtout à faire sentir la liaison qui existe entre ces principes, la manière dont ils découlent les uns des autres par un enchaînement continuel de déductions et de conséquences.

Les théorèmes isolés, tels qu'ils sont présentés dans d'excellents traités, ont l'inconvénient de ne pas insister antant qu'il est nécessaire sur le passage d'un principe à un autre. On voit des élèves qui savaient bien tels ou tels théorèmes, ne pouvoir démontrer bon nombre de ceux qui précèdent.

L'auteur s'est donc attaché à couper le discours aussi peu que possible, et à dire d'une seule traite tout ce qui se rattache à un même ordre de questions. Il le dit très-brièvement, pour ne pas fatiguer l'attention ou faire perdre de vue le point de départ; cette rapidité des démonstrations n'a cependant rien ôté à leur clarté.

Table. — L'ouvrage de M. Rozan est divisé en douze leçons :

1ʳᵉ leçon. — Définition. — Le point. — La ligne. — Le plan. — Angles. — Parallèles.

2ᵉ leçon. — Polygones. — Perpendiculaires.

3ᵉ leçon. — Circonférence.

4ᵉ leçon. — Mesure des lignes et des angles. — Mesure des polygones et du cercle.

5ᵉ leçon. — *Problèmes.* — Angles. — Parallèles. — Perpendiculaires. — Polygones. — Circonférence. — Transformation des figures. — Questions à résoudre.

6ᵉ leçon. — Lignes proportionnelles. — Figures semblables. — Proportionnalités résultant de la similitude.

7 leçon. — *Problèmes.* — Lignes proportionnelles. — Quatrième proportionnelle. — Polygones réguliers inscrits. — Polygones semblables. — Application du carré de l'hypothénuse. — Problèmes à résoudre.

8ᵉ leçon. — Rapports et propriétés de certaines figures. — Rapports numériques. — Théorèmes à démontrer.

9ᵉ leçon. — *Les plans.* — Parallélisme. — Perpendicularité. — Angles.

10ᵉ leçon. — *Les corps.* — Prisme. — Pyramides. — Polyèdres réguliers. — Sphères.

11ᵉ leçon. — Mesure des corps. — Surfaces.

12ᵉ leçon. — Mesures des corps. — Volumes.

Dernière leçon — Sections coniques. — Ellipse. — Parabole. — Hyperbole.

S

101. —D⋅ Sᴀᴄᴄ, professeur à l'Académie de Neufchâtel (Suisse), membre correspondant de la Société nationale de l'agriculture, professeur à Genève, etc. — Éléments de **Chimie**. 2 parties reliées en un seul volume............................. 7 fr.

Première partie : Chimie minérale ou synthétique. — *Deuxième partie : Chimie organique* ou asynthétique.

Ce petit traité, comme le dit l'auteur, n'a qu'une ambition, celle de faire aimer cette admirable science, d'en exposer aussi brièvement que possible le champ immense de manière à la rendre abordable à tous. C'est la première tentation d'une *chimie naturelle* et pure. L'auteur, laissant de côté tous les systèmes, aborde donc une voie qui doit devenir féconde.

102. — Sᴇʟʟᴀ (Quintino), ministre des finances du royaume d'Italie. — Théorie et pratique de la **Règle à calcul**, traduit de l'italien par G. Monteflore Levi. 1 vol., 133 pages, 39 tableaux.. 4 fr.

Dans ce traité, M. Sella résout avec simplicité un des problèmes les plus importants pour l'usage de la règle à calcul, problème qui n'a été effleuré par aucun des auteurs qui avant lui ont traité ce sujet, c'est-à-dire de la détermination, par la règle même, de la position de la virgule dans le résultat de chaque opération, de plus en mettant sous une forme pratique clairement résumée l'ensemble des calculs exécutables par la règle. M. Sella a satisfait à un véritable devoir, et on doit lui être reconnaissant alors qu'il est occupé de si hautes fonctions, d'avoir employé ses loisirs à la publication d'un ouvrage aussi utile.

103. — ᴅᴇ Sᴇʀʀᴇs (Marcel), professeur à la Faculté des sciences de Montpellier, conseiller honoraire à la cour de la même ville. — Traité des **Roches** simples et composées ou de la classification géognostique des Roches d'après leurs caractères minéralogiques et l'époque de leur apparition. 1 vol. rel., 288 p................................... 5 fr.

Une analyse de la table des matières de ce traité sera la meilleure recommandation que nous puissions en faire : De la composition du globe. — De la classification minéralogique des roches composées. — Des roches plutoniques ou des roches cristallines. — Des roches plutoniques composées à deux éléments des granites (six sous-familles). — Roches plutoniques, lomposées à trois éléments dont l'un est l'amphibole. — *Idem*, dont l'un est le talc, la stéatique ou le chlorate. — *Idem*, dont c'un est le pyroxène. — De quelques roches simples. — Des divers degrés d'ancienneté des roches composées. — L'ouvrage est complété par divers tableaux et par les coupes idéales des terrains de gneiss de l'Écosse.

104. — Sicard. — Guide pratique de la **Culture du cotonnier**, 1 vol. rel., 143 p., avec figures dans le texte.   3 fr.

La culture du cotonnier ne peut convenir qu'à de certaines contrées. M. Sicard, qui l'a expérimenté avec succès et pendant de longues années dans les provinces du Midi et en Algérie, a publié cet ouvrage pour faire profiter le public de l'expérience qu'il avait acquise dans la culture de cet arbrisseau.

L'ouvrage est enrichi de dessins exécutés d'après la photographie et d'une exactitude rigoureuse.

105. — Soulié (Émile), ancien élève de l'École des mines. — Le **Pétrole**, ses gisements, son exploitation, son traitement industriel, ses produits dérivés, ses applications à l'éclairage et au chauffage. 1 vol. rel., 232 pages, avec figures dans le texte... 4 fr.

Le pétrole tend à prendre une place de plus en plus grande dans l'industrie. Chaque jour voit essayer de nouvelles applications de cette substance, naguère dédaignée. A l'étude chimique du pétrole naturel, l'auteur a joint l'étude industrielle qui a pour but d'indiquer les moyens d'appliquer les données de la science. Les fabricants trouveront dans ce livre des renseignements véritablement pratiques, non-seulement sur le traitement chimique en lui-même, mais aussi sur les appareils qui serviront à l'effectuer.

106. — Steerk (le major). — Guide pratique de la fabrication des **Poudres et salpêtres**, avec un appendice sur les *feux d'artifices*, par M Spilt. 1 vol. rel., 360 pages, avec de nombreuses figures dans le texte.................... 6 fr.

Dès les premières lignes de ce livre, on s'aperçoit que l'auteur est un homme compétent dans la matière qu'il traite, et qu'à l'étude dans le laboratoire, le major Steerk a joint l'expérience en grand. Dans ses données, tout est rigoureusement exact, et on peut accepter l'auteur comme guide, sans craindre de se tromper.

L'appendice sur les feux d'artifice résume en quelques pages les notions nécessaires pour la confection de ces feux.

Sommaire des chapitres. — *Première partie :* Soufre, salpêtre, bois. — Charbon : carbonisation par distillation, par vapeur, analyses des charbons. — Poudres : poudres de guerre, poudres de mines, poudres du commerce extérieure et poudres de chasse. — Épreuves. — Combustion des poudres, dosage, analyses.

Deuxième partie : *Feux d'artifice.* — Historique, matières premières, produits chimiques, outils, cartonnages, cartouches, feux qui produisent leur effet sur le sol, feux qui le produisent dans l'air, sur l'eau, etc., feux de salons, feux de théâtre. Confection des principales pièces d'artifice.

COURTOIS-GÉRARD. — *Culture maraîchère.*
Appareil d'une manivelle pour l'arrosage, fig. 1, page VI.

T

— DE TARADE (E.). — **Traité de l'Élevage et de l'Éducation du Chien**, moyen de cultiver l'intelligence de ce précieux animal, d'obtenir de lui toutes sortes de services utiles, de l'amener au point de pouvoir jouer aux dominos, etc., 1 vol., 360 pages.................................... 4 fr.

Table des matières. — De l'éducation des animaux en général, leur instinct, leur intelligence. Considérations générales sur les chiens, sur l'esprit d'observation des animaux domestiques. — Histoire naturelle du chien. Des différentes races de chiens. Braque et Philax. Du choix d'un chien. Éducation du chien. Des services qu'on peut obtenir d'un chien. Du chien de garde ou de basse-cour. Des chiens de chasse. Manière de dresser les chiens courants. Du limier. Chasse du cerf et du daim. Chasse du sanglier. Chasse du loup. Chasse du chevreuil. Chasse du renard et du blaireau. Du chien couchant. Manière de le dresser. Maladies des chiens.

Si tous les amis des chiens, et ils sont nombreux, les amis de cet animal si intelligent, si bon, si tous achetaient cet excellent ouvrage, ce serait le plus beau succès de la bibliothèque et il serait à souhaiter qu'il en fût ainsi, car on ne sait combien de services on pourrait faire rendre à un chien bien élevé, alors que sans instruction, l'intelligence souvent si développée chez cet animal se trouve inutilisée par manque d'éducation.

108. — TARTARA (J.), commissaire ordonnateur de la marine en Algérie. — *Nouveau* **Code des Bris et Naufrages**, ou sûreté et sauvetage maritime, publié avec l'autorisation du ministre de la marine et des colonies. 1 vol. gr. in-18 d'environ 400 pages, cartonné.................... 7 fr.

109. — TERNANT (A.-L.). — Manuel pratique de **Télégraphie sous-marine**, constructions, pose, entretien et exploitation des câbles sous-marins, épreuves électriques qu'ils subissent, etc., à l'usage des électriciens-constructeurs, des employés du télégraphe et des actionnaires de compagnies télégraphiques sous-marines, etc. 1 vol. rel., 226 pages avec planches, tableaux et figures dans le texte................ 4 fr.

Le livre de M. Ternant a trouvé un bon accueil près des

praticiens, la meilleure preuve qu'on en puisse donner, c'est qu'il a été traduit en italien pour le service des télégraphes du royaume d'Italie.

Extrait de la table des matières. — *Première partie* : Construction des câbles sous-marins : conducteur, isolement, garniture de l'âme, protection extérieure. — *Deuxième partie* : Épreuves électriques, épreuves durant la construction, épreuves en mer, mesure de la résistance dans les fils très-courts ou les câbles très-longs, fautes qui peuvent se présenter dans les câbles et méthodes de recherches. — *Troisième partie* : Pose et entretien, réparations, atterrissements, paratonnerres. — *Quatrième partie* : Exploitation, tables diverses, etc.

110. — Tissier (Charles et Alexandre), chimistes-manufacturiers. — Guide pratique de la **recherche,** de l'**extraction** et de la **fabrication** de l'**Aluminium** et des **Métaux alcalins.** Recherches techniques sur leurs propriétés, leurs procédés d'extraction et leurs usages. 1 vol. rel., 226 pag., 1 planche et figures dans le texte...................... 5 fr.

Les notions sur l'aluminium se trouvaient disséminées dans des recueils nombreux publiés en France et à l'étranger. Les auteurs de ce guide ont eu l'idée de faire de ces notions éparses un tout homogène dans lequel, après avoir retracé l'historique de la préparation des métaux alcalins, ils esquissent l'histoire de la préparation de l'aluminium. Des chapitres spéciaux sont consacrés à la fabrication industrielle et aux propriétés physiques et chimiques de ce nouveau métal, qui a conquis très-rapidement une grande place dans l'industrie.

111. — Touchet (J.-H.), chef de service à la compagnie Richer. — Richesse de l'agriculture. — Guide pratique de la **vidange agricole,** à l'usage des agronomes, propriétaires et fermiers. Descriptions de moyens faciles, économiques, salubres et pratiques de recueillir, de désinfecter et d'employer utilement en agriculture l'engrais humain. 2ᵉ édition. 1 vol. rel. de 88 pages avec figures...................... 2 fr.

Ce guide, en ce qui concerne les vidanges et les différentes manières d'employer l'engrais humain, est le résumé des meilleures méthodes pratiquées actuellement. Les constructeurs, les entrepreneurs, les propriétaires, les fermiers y trouveront tous des indications utiles. M. Touchet enseigne aux agronomes de la grande et de la petite culture des moyens simples et peu coûteux de se procurer de riches fumiers, de précieux engrais, richesses trop souvent négligées et perdues pour l'agriculture.

Extrait de la table des matières. — Valeur agricole de l'engrais humain. — Inocuité des matières de vidange, leur emploi actuel, outillage simplifié, fumure d'un hectare. — Les fleurs et l'engrais humain, dégoût puéril, règlements sanitaires. — L'industrie des vidanges, système anglais et système français, désinfection des matières fécales. — Récolte de l'engrais dans les maisons isolées, les fermes, les écoles, les usines, etc., fosses rustiques. — Vidanges des fosses fixes, à la pompe, au seau, fosses dangereuses, précautions à prendre et outillage, transport des matières. — La vidange dans une grande ville, fosses fixes et fosses mobiles, leur installation, appareils diviseurs, réservoirs à liquides. — Vidange des fosses mobiles et diviseurs, désinfection et transport, époques des vidanges agricoles, les indicateurs et les ventilateurs.

Tripier-Devaux. — Fabrication des **Vernis**. Nouvelle édition, revue par *Violette*. (V. Violette.)

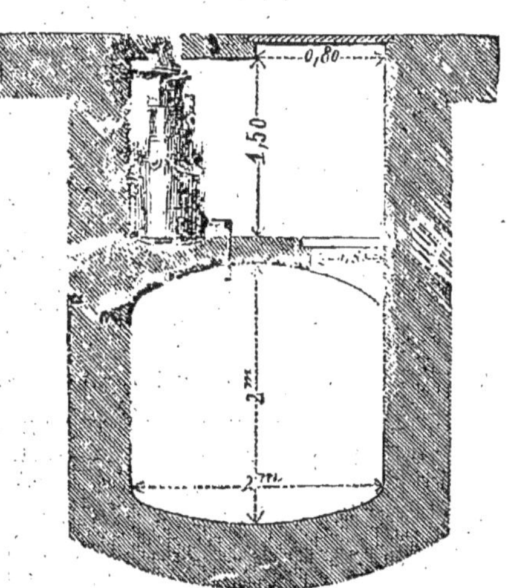

Touchet. — *Vidange agricole.*
Coupe du travers d'une fosse d'aisance avec appareil diviseur,
fig. 18, page 75.

112. — Vanalphen, métreur vérificateur spécial de serrurerie. — Manuel calculateur du **Poids des métaux** employés dans les constructions, contenant : 1° les tableaux de la classification nouvelle des fers unis divers, des feuillards et de la tôle ; 2° 36 tableaux de poids de 1100 échantillons divers de fers unis ; 3° 5 tableaux de poids de 25 épaisseurs de tôle ; 4° 14 tableaux de poids de toutes les fontes employées journellement dans les bâtiments, avec divers renseignements très-utiles à consulter ; 5° 9 tableaux de poids de plomb, zinc et cuivre rouge, avec un appendice contenant : 1° le poids par mètre carré de feuille de divers métaux ; 2° le poids d'un mètre linéaire de fer (fers plats et carrés, fers ronds et carrés) ; 3° le poids des zincs laminés minces. 1 vol. rel., x-86 pages, 2 pl. . . . . 5 fr.

113. — Violette (H.), ancien élève de l'École polytechnique, commissaire des poudres et salpêtres, membre de plusieurs sociétés savantes. — Guide pratique de la **Fabrication des vernis**, nouvelle édition, revue, corrigée et complétement refondue, de l'ouvrage de M. Tripier-Devaux. 1 vol. rel., 401 p., avec de nombreuses figures dans le texte . . . . 6 fr.

Nos prédécesseurs ont publié en 1843 un ouvrage de M. Tripier-Devaux : *Traité théorique et pratique sur l'art de faire les vernis* ; cet ouvrage, devenu très-rare et dont il ne nous reste plus un exemplaire en magasin, se recommandait par une qualité précieuse, celle de l'expérience commerciale de l'auteur, qui a pratiqué en grand les conseils qu'il donne. M. Tripier était un fabricant exercé, intelligent, qui a enseigné dans son livre l'art qu'il pratique, il est digne de toute croyance. Aussi M. Violette, pour ce nouvel ouvrage, lui a-t-il fait de nombreux emprunts.

Le nouveau rédacteur a, de son côté, cherché également à reculer les bornes de l'art du vernisseur. Il fait connaître les causes et les effets des réactions, les conditions de succès, etc.

Extrait de la préface : — Les vernis ne sont autres que des solutions de résines dans certains liquides. Ces liquides, qui sont ordinairement l'*éther*, l'*alcool*, l'*essence de térébenthine* et les *huiles*, donnent aux vernis qui en résultent des propriétés caractéristiques, qui en déterminent l'usage. Cette désignation des liquides nous permet de diviser les vernis en quatre classes : Vernis à l'éther. — Vernis à l'alcool. — Vernis à l'essence. — Vernis gras.

Cette division sera celle des quatre chapitres composant notre ouvrage : nous examinerons chaque classe successivement : cet examen comprendra : 1° les propriétés physiques et chimiques, ainsi que la préparation du liquide employé à dissoudre les résines de cette classe ; 2° les propriétés physiques et chimiques, ainsi que l'origine des résines employées dans cette catégorie ; 3° la fabrication proprement dite des vernis, par le mélange des résines et liquides précédemment étudiés.

Frêne pleureur, fig. 34, page 113.

W.

114. — Wolff (E.), professeur à l'Académie agricole de Hohenheim. — Étude pratique sur les **Fumiers de ferme** et les engrais en général, précédée d'une introduction sur les éléments nutritifs généraux des plantes, ouvrage traduit de l'allemand par Ad. Damseaux, professeur à l'Institut agricole de l'État (Belgique). 1 vol. rel., 204 pages................ 3 fr.

L'ÉTUDE DES ENGRAIS, la question agricole capitale de notre époque, est entrée dans une voie entièrement nouvelle depuis un petit nombre d'années, et, cependant, notre littérature manque actuellement d'un livre s'occupant du traitement et de l'emploi des matières fertilisantes.

Nous connaissions l'ouvrage de M. Rohart, il est épuisé. D'autres ouvrages sont la présentation de systèmes préconçus. Le livre du professeur Wolff contribuera à la vulgarisation des vrais principes de l'économie et de l'appréciation de la valeur des fumiers de ferme et des engrais concentrés.

Ce travail est destiné à tous ceux qui s'intéressent au progrès agricole.

Sommaire des chapitres : — L'air atmosphérique. — L'eau. — Le sol. — Le fumier d'étable et son traitement rationnel. — Du système de culture basé sur la production et la consommation des fumiers. — Des engrais concentrés. — Leur importance pour l'entretien et l'augmentation de la fertilité. — Vues pratiques sur le traitement et l'emploi raisonné des principaux engrais concentrés, etc.

115. — Will (H.), professeur agrégé de l'université de Giessen. — Guide pratique d'**Analyse qualitative,** instruction pratique à l'usage des laboratoires de chimie, traduit par M. le docteur Bichon. 1 vol., 248 pages .... 3 fr.

Les traités spéciaux sur la chimie analytique sont ou trop volumineux ou incomplets, en ce sens que, dans ces derniers, manquent les indications indispensables pour que l'élève puisse se conduire lui-même. M. le docteur Will a su éviter ces deux défauts : son guide enseigne d'une manière simple, substantielle et méthodique, tout ce qu'il faut savoir pour devenir capable de découvrir et de séparer les parties constituantes des corps composés.

Table des matières : — Première partie : manière dont les métaux et leurs oxydes se comportent avec les réactifs : métaux

... métaux terreux alcalins ; métaux dont les oxydes ne sont précipités par l'acide sulfhydrique lorsqu'on ajoute à la dissolution un acide minéral, mais qui, lorsque la dissolution est neutre, sont précipités par le sulfhydrate d'ammoniaque à l'état d'oxydes, soit à l'état de sulfures ; métaux dont les sulfures sont insolubles dans les dissolutions étendues d'acides minéraux puissants, d'où il suit que leurs oxydes sont complétement précipités par l'acide sulfhydrique (SH) de leurs dissolutions acides. — Deuxième partie : manière dont les acides se comportent avec les réactifs. — Troisième partie : marché à suivre pour l'analyse qualitative. — Tableaux de réactions.

MILLOT-DIDIEUX. — Canard race française.

SUPPLÉMENT AU CATALOGUE

Ouvrages récemment publiés.

GERMINET (Gustave). Traité pratique du **chauffage par le gaz** considéré dans ses diverses applications à l'industrie et aux usages domestiques, suivi d'un commentaire sur l'installation des conduits et appareils, ainsi que des dispositions à prendre pour la ventilation permanente des habitations éclairées ou chauffées par le gaz. Nouvelle édition avec appendice. 1 vol. rel. de 84 pag. fig.

SOMMAIRE DES CHAPITRES. — Avant-propos et considérations générales. — Introduction. — Historique. — Origine de ce système. — Développement sur la combustion du gaz dans son application au chauffage. — Chauffage d'appartements. — Foyers rayonnants. — Chauffage au moyen de poêles. — Chauffage culinaire. — Chauffage industriel. — Appareils divers. — Épreuve réglementaire et ventilation permanente. — Compteur, canalisation et leurs accessoires.

HÉTET (Frédéric), professeur de chimie aux écoles de la marine, pharmacien en chef, officier de la Légion d'honneur, membre de plusieurs sociétés savantes. Cours de **Chimie générale élémentaire**, d'après les principes modernes, avec les principales **applications à la médecine** aux arts industriels et à la pyrotechnie, comprenant l'analyse chimique qualitative et quantitative. Ouvrage publié avec l'approbation de M. le ministre de la marine et des colonies. 2 vol. grand in-18 ensemble de LI, — 1300 pages et 174 fig. Relié. 12 fr

SOMMAIRE DES PRINCIPAUX CHAPITRES. — Nomenclature chimique. — Notation chimique. — Lois des combinaisons. — Théorie atomique. — Acides. — Sels. — Éléments monoatomiques. — Série du chlore. — Série du brôme. — Série de l'iode. — Fluor. — Série du cyanogène. — Métaux diatomiques. — Série de l'oxygène. — Protoxyde d'hydrogène. — Eau. — Eaux potables. — Série du soufre. — Métalloïdes triatomiques. — Série du Bore. — Métalloïdes tri-pentatomiques. — Série de l'azote. — Combinaisons de l'azote avec l'hydrogène. — Composés oxygénés de l'azote. — Agents explosifs modernes. — Analyse de l'acide azotique. — Série du phosphore. — Combinaisons oxygénées du phosphore. — Série de l'arsenic. — Série de l'antimoine. — Bismuth. — Uranium. — Tableau résumé des azotoïdes. — **Métalloïdes tétratomiques.** — Série du sil-

SUPPLÉMENT AU CATALOGUE

GERMINET (Gustave). Traité pratique du **chauffage par le gaz**, considéré dans ses diverses applications à l'industrie et aux usages domestiques, suivi d'un commentaire sur l'installation des conduits et appareils, ainsi que des dispositions à prendre pour la ventilation permanente des habitations éclairées ou chauffées par le gaz. Nouvelle édition avec appendice. 1 vol. rel. de 84 pag. fig. 2 fr. 50

SOMMAIRE DES CHAPITRES. — Avant-propos et considérations générales. — Introduction. — Historique. — Origine de ce système. — Développement sur la combustion du gaz dans son application au chauffage. — Chauffage d'appartements. — Foyers rayonnants. — Chauffage au moyen de poêles. — Chauffage culinaire. — Chauffage industriel. — Appareils divers. — Epreuve réglementaire et ventilation permanente. — Compteurs canalisation et leurs accessoires.

HÉTET (Frédéric), professeur de chimie aux Ecoles de la marine, pharmacien en chef, officier de la Légion d'honneur, membre de plusieurs sociétés savantes. Cours de **Chimie générale élémentaire**, d'après les principes modernes, avec les principales applications à la médecine aux arts industriels et à la pyrotechnie, comprenant l'analyse chimique qualitative et quantitative. Ouvrage publié avec l'approbation de M. le ministre de la marine et des colonies. 2 vol. grand in-18 ensemble de LI,— 1300 pages et 174 fig. Relié, 12 fr.

SOMMAIRE DES PRINCIPAUX CHAPITRES. — Nomenclature chimique. — Notation chimique. — Lois des combinaisons. — Théorie atomique. — Acides. — Sels. — Eléments monoatomiques. — Série du chlore. — Série du brôme. — Série de l'iode. — Fluor. — Série du cyanogène. — Métalloïdes diatomiques. — Série de l'oxygène. — Protoxyde d'hydrogène. — Eau. — Eaux potables. — Série du soufre. — Métalloïdes triatomiques. — Série du Bore. — Métalloïdes tri-pentatomiques. — Série de l'azote. — Combinaisons de l'azote avec l'hydrogène. — Composés oxygénés de l'azote. — Agents explosifs modernes. — Analyse de l'acide azotique. — Série du phosphore. — Combinaisons oxygénées du phosphore. — Série de l'arsenic. — Série de l'antimoine. — Bismuth. — Uranium. — Tableau résumé des azotoïdes. — Métalloïdes tétratomiques. — Série du silcium. — Série du carbone. — Gaz d'éclairage. — Combinaisons avec l'oxygène. — Sulfure de carbone. — Feux liquides de guerre. — Dosage du carbone. — Analyse des gaz et des mélanges gazeux. — Série de l'étain. — Généralités sur les métaux. — Métaux positifs. — Première classe. Monoatomiques. — Potassium. — Poudres. — Alcalimétrie. — Sodium. — Fabrication de la soude. — Lithium. — Analyse spectrale. — Rubidium. — Césium. — Thallium. — Argent. — Alliages d'argent. — Azotate d'argent. — Réaction des sels d'argent. — Dosage de l'argent. — Métaux de la deuxième classe ou biatomique. — Calcium. — Oxydes de calcium. — Usages de la chaux. — Sulfures de calcium. — Plâtre. — Cuisson du plâtre. — Phosphates calciques. — Carbonate de calcium. — Baryum. — Strontium. — Magnésium. — Oxyde de magnésium. — Zinc. — Oxyde de zinc. — Cadmium. — Cuivre. — Laitons. — Bronzes. — Oxyde de cuivre — Acétate de cuivre. — Réactions des sels de cuivre. — Mercure. — Chlorure de mercure. — Iodure de mercure. — Sulfate de mercure. — Fulminate de mercure. — Plomb. — Oxyde de plomb. — Minium. — Céruse. — Cobalt. — Nickel. — Chrôme. — Manganèse. — Oxydes de manganèse. — Bioxyde de manganèse. — Fer. — Préparation de l'acier. — Usages du fer et de l'acier. — Propriété du fer et de l'acier. — Combinaisons du fer. — Analyse des combinaisons du fer. — Analyses des fontes et aciers. Métaux triatomiques. — Or. — Dorure. — Métaux tétratomiques. Molybdène. — Platine. — Amorces à fil de platine. — Osmium. — Iridium. — Palladium. — Aluminium. — Aluns. — Kaolins. — Argiles. — Mortiers. — Ciments. — Poteries. — Bétons. — Action de l'eau de mer. — Mastics. — Photographie.

KÆPPELIN (Dominique). Guide pratique de la fabrication des **Tissus imprimés**, impression des étoffes de soie. Ouvrage accompagné de planches et enrichi de nombreux échantillons. 2ᵉ édition augmentée d'un appendice. 1 vol. de 142 pag.   10 fr.

LACROIX (Eugène), ingénieur civil, membre de la Société industrielle de Mulhouse et de plusieurs sociétés savantes françaises et étrangères, ex-officier de l'infanterie de marine, chevalier de la Légion d'honneur. **Dictionnaire industriel** à l'usage de tout le monde ou les 100,000 secrets de l'industrie moderne *avec la traduction anglaise et allemande des mots techniques et usuels.* 2 forts vol. grand in-18 ensemble XL-1586 pages et 673 fig.   Relié, 22 fr.

SOMMAIRE DES PRINCIPAUX CHAPITRES. — Agriculture. — Animaux domestiques. — Arboriculture. — Architecture. — Arts et métiers. — Arts industriels. — Astronomie. — Botanique. — Chemins de fer. — Chimie industrielle et agricole. — Conservation des substances alimentaires. — Constructions civiles. — Economie domestique industrielle et rurale. — Engrais. — Géologie. — Histoire naturelle. — Hydraulique. — Hygiène. — Industries diverses. — Jardinage. — Machines à vapeur. — Machines agricoles. — Mines. — Minéralogie. — Métallurgie. — Navigation. — Physique. — Photographie. — Ponts et chaussées. — Sondages. — Zoologie.

MAILAND (Eugène). Découverte des **Anciens vernis italiens** employés pour les instruments à cordes et à archets. 1 vol. de 169 pages. Relié, 5 fr.

EXTRAIT DE LA TABLE DES MATIÈRES. — Avant-propos. — Quel était l'art de la fabrication des vernis aux époques auxquelles les célèbres luthiers italiens travaillaient. — Conséquences à tirer des formules anciennes et qualités que doivent posséder les vernis pour les instruments. — De l'encollage. — Coloration des essences. — Dissolution des matières colorantes dans l'alcool. — Modification du ton rouge. — Essais sur les matières colorantes. — Vernis.

PELLEGRIN (V.), peintre. Théorie pratique de la **Perspective**. Etude à l'usage des artistes peintres, des élèves des écoles des beaux-arts, des écoles industrielles, etc. 1 vol. de 90 pages, 42 fig. et une planche in-folio en chromo à deux teintes contenant 16 fig. Relié. 4 fr.

SOMMAIRE DES PRINCIPAUX CHAPITRES. — Avis de l'éditeur. — Préliminaires. — De la grandeur des figures dans un tableau. — Des figures plus grandes que nature ou de la grandeur naturelle. — Des figures placées sur un terrain plus ou moins élevé. — De la distance. — Du point de vue. — Du point de fuite principal. — Du tracé perspectif des lignes de fond. — Vues de fond. — Vues accidentelles. — Énoncé des règles. — Appendice. — Notions et définitions de la géométrie. — Des angles. — Des polygones. — Des triangles. — Quadrilatères. — Du cercle. — Inscrire un carré dans un cercle. — Des solides. — Problèmes, etc., etc.

VINCENT (A.) Guide pratique du commandant de **Navires à vapeur**. Résumé des principales connaissances théoriques et pratiques nécessaires pour bien diriger ces sortes de navires et en tirer tout le parti possible. Ouvrage enrichi de deux chapitres empruntés avec l'autorisation de l'auteur à l'excellent ouvrage intitulé **Manuel du gréement** et de la manœuvre, par E. BRÉART, capitaine de vaisseau. 1 vol. de 285 pag. et 2 planches. 4 fr.

Ouvrages sous presse.

Métallurgie pratique, par D. et D. et L., 2e édition avec planche.

Guide pratique du **Cubage et estimation des bois**, par M. FROCHOT, *inspecteur des forêts*, avec figures.

Guide pratique des **Essais industriel**, par M. Jules GAUDRY, *ingénieur civil*, avec nombreuses figures.

Guide pratique **d'Algèbre**, etc , par M. LEPRINCE, *ingénieur*, avec figures.

Guide pratique **du relieur et du doreur**, etc., avec figures, par M***, chef d'atelier.

Les **Maladies de la Vigne** et les moyens curatoires, par M. SEVIGNÉ.

IMPRIMERIE
E. LACROIX
LIBRAIRIE
54